Monika Thakur
Kale Rupesh

Estudos sobre a biologia e os componentes funcionais das especiarias indianas

AF671987

Monika Thakur
Kale Rupesh

Estudos sobre a biologia e os componentes funcionais das especiarias indianas

Especiarias como alimentos funcionais

ScienciaScripts

Imprint

Any brand names and product names mentioned in this book are subject to trademark, brand or patent protection and are trademarks or registered trademarks of their respective holders. The use of brand names, product names, common names, trade names, product descriptions etc. even without a particular marking in this work is in no way to be construed to mean that such names may be regarded as unrestricted in respect of trademark and brand protection legislation and could thus be used by anyone.

Cover image: www.ingimage.com

This book is a translation from the original published under ISBN 978-3-659-81885-1.

Publisher:
Sciencia Scripts
is a trademark of
Dodo Books Indian Ocean Ltd. and OmniScriptum S.R.L publishing group

120 High Road, East Finchley, London, N2 9ED, United Kingdom
Str. Armeneasca 28/1, office 1, Chisinau MD-2012, Republic of Moldova, Europe
Printed at: see last page
ISBN: 978-620-8-14160-8

Copyright © Monika Thakur, Kale Rupesh
Copyright © 2024 Dodo Books Indian Ocean Ltd. and OmniScriptum S.R.L publishing group

ÍNDICE DE CONTEÚDOS

Uma **especiaria** é definida como um composto natural que é extraído das sementes, frutos, flores ou troncos (pele, dentes, folhas) de várias plantas e que é adicionado aos alimentos para lhes conferir sabor, cheiro ou aroma. As especiarias podem ser definidas como "produtos vegetais utilizados para aromatizar, temperar e conferir aroma aos alimentos" (FAO, 2005). As especiarias são um grupo diversificado de uma grande variedade de aditivos alimentares básicos consumidos em todo o mundo, de forma significativa nas cozinhas tropical oriental, hispânica e mediterrânica. A especiaria é um termo culinário e não uma categoria botânica, não se referindo a um tipo específico de planta ou parte de planta (Farrell, 1990). A dependência do homem em relação às plantas para o essencial da sua existência tem sido uma importância primordial na sua vida desde o início da raça humana. As especiarias e as ervas aromáticas têm sido utilizadas desde a antiguidade como conservantes, corantes e intensificadores de sabor (Viuda *et al.,* 2011).

As especiarias são utilizadas para dar sabor, cor, aroma e conservação de alimentos ou bebidas (Anon, 1999). Cada especiaria tem um aroma e sabor únicos que derivam de compostos conhecidos como fitoquímicos ou compostos secundários. Estes químicos evoluíram nas plantas para as proteger contra insectos vertebrados herbívoros, fungos patogénicos e parasitas (Walker, 1994). Podem ser obtidos a partir de muitas partes da planta: casca, botões, flores, frutos, folhas, rizomas, raízes, sementes, estigmas e estilos ou a parte superior da planta inteira (Weiss, 2002). O termo "erva" é utilizado como um subconjunto de especiaria e refere-se a plantas com folhas aromáticas. As especiarias são frequentemente secas e utilizadas num estado processado ou é seguido outro procedimento em que são preparados extractos (Weiss, 1999).

Durante séculos, foi reconhecida a importância, o potencial e a toxicidade dos fitoquímicos para a saúde humana (Charaka *et al.,* 1994). A Ásia é conhecida como a **"terra das especiarias"**, uma vez que é o local de origem, produção, consumo e exportação da maioria das especiarias. A Índia é conhecida como **"a terra das especiarias"** e tem sido reconhecida em todo o mundo pelas suas especiarias. As especiarias indianas são famosas em todo o mundo pelas suas utilizações sensoriais e medicinais. A produção total de especiarias na Índia é de aproximadamente 5,26MT (Pandey, 2011). Kerala é conhecida como a **"tigela de especiarias do mundo".** Apresentam uma vasta gama de propriedades nutricionais e medicinais. São também utilizadas para dar sabor a alimentos e bebidas. A investigação recente centra-se nos seus méritos científicos. As especiarias tradicionais são utilizadas tanto para fins culinários como medicinais. Os dados etno-botânicos sobre os seus indígenas estão disponíveis, mas a sua utilização completa na formulação de alimentos rápidos e o seu potencial nutracêutico ainda não foram totalmente explorados. Estudos *in vitro* e *in vivo* demonstraram que estas substâncias actuam como antioxidantes, estimulantes digestivos, hipolipidémicos e apresentam actividades antimicrobianas, anti-inflamatórias e anticarcinogénicas (Viuda-Martos *et al.,* 2011). Estes efeitos fisiológicos benéficos podem também ter possíveis aplicações preventivas numa variedade de patologias. A produção e distribuição de especiarias como produtos vegetais têm uma profunda influência na vida económica e social da nação ou do mundo, afectando tanto as condições domésticas como as relações internacionais e alterando mesmo o curso da história. Tradicionalmente, as especiarias são utilizadas tanto para fins culinários como medicinais.

História do comércio de especiarias

O comércio de especiarias remonta a milhares de anos. Eram alguns dos objectos de comércio mais valiosos do mundo medieval antigo (Vasanthi e Parameswari, 2010). O comércio de especiarias desenvolveu-se no Médio Oriente por volta de 2000 a.C. com a canela e a pimenta (Ab Mauri, 2010). Os egípcios utilizavam ervas para embalsamar e a sua necessidade de ervas exóticas contribuiu para estimular o comércio mundial. De facto, a palavra *especiaria* provém da mesma raiz que *espécie,* que significa tipo de bens. No ano 1000 a.C., a China e a Índia tinham um sistema médico baseado em ervas. As primeiras utilizações estavam ligadas à magia, medicina, religião, tradição e preservação (Scott Kustes, 2013). A antiga epopeia indiana do Ramayana menciona o cravinho. Em todo o caso, sabe-se que os romanos tinham cravinho no século I d.C. porque Plínio, o Velho, falou dele nos seus escritos.

Cenário do mercado indiano de especiarias

A Índia tem sido reconhecida em todo o mundo pelas suas especiarias, ervas aromáticas e plantas medicinais. A fama das especiarias indianas é mais antiga do que a história registada. A história das especiarias indianas tem mais de 7000 anos. Séculos antes da descoberta da Grécia e de Roma, os navios à vela transportavam especiarias, perfumes e têxteis indianos para a Mesopotâmia, a Arábia e o Egito. Foi a atração por estas especiarias que levou muitos marinheiros para as costas da Índia (Scott Kustes, 2013). Muito antes da era cristã, os mercadores gregos já frequentavam os mercados do Sul da Índia, comprando muitos artigos caros, entre os quais as especiarias. A Roma epicurista gastava uma fortuna em especiarias indianas, sedas, brocados, musselina de Daca e tecidos de ouro, etc. Acredita-se que as guerras partas foram travadas por Roma em grande parte para manter aberta a rota comercial para a Índia. Diz-se também que as especiarias indianas e os seus famosos produtos eram o principal atrativo para as cruzadas e expedições ao Oriente (Scott Kustes, 2013).

Atualmente, o comércio na Índia envolve menos qualidades nacionalistas do que no passado. Atualmente, os produtores de especiarias exportam os seus produtos através das suas próprias organizações ou de casas de exportação. As especiarias são agora distribuídas por fabricantes de alimentos, grossistas e retalhistas.

Atualmente, a Índia produz uma vasta gama de especiarias. Atualmente, a produção é de cerca de 3,2 milhões de toneladas de especiarias diferentes avaliadas em aproximadamente 21656 Crore (4 mil milhões de dólares) e ocupa uma posição de destaque na produção mundial de especiarias. Devido aos diferentes climas - tropical, subtropical e temperado - quase todas as especiarias crescem esplendidamente na Índia. Na realidade, quase todos os estados e territórios da União da Índia cultivam uma ou outra especiaria.

As receitas das exportações de especiarias indianas durante 2012-13, um total de 7,26,613 toneladas de especiarias e produtos de especiarias no valor de Rs.12112.76 crore (US $ 2212.13 milhões) foram exportados do país contra 5,75,270 toneladas no valor de Rs.9783.42 crore (US $ 2037.76 milhões) em 2011-12, registando um aumento de 26% em volume e 24% em termos de rupias e 8.5% em termos de valor em dólares (Spice Board of India, 2014).

A Índia é conhecida como a terra das especiarias e orgulha-se de ter uma longa história de comércio com as antigas civilizações de Roma e da China. Atualmente, as especiarias indianas são as mais procuradas a nível mundial, devido ao seu aroma, textura e sabor requintados. A Índia tem o maior mercado interno de especiarias do mundo. A Índia é o maior produtor e exportador mundial de especiarias das 109 variedades listadas pela Organização Internacional de Normalização (ISO), uma vez que o país produz e exporta cerca de 75 variedades de especiarias (Spice Board of India, 2014). Este relatório centrar-se-á em pormenor na biologia, na determinação do potencial antioxidante, nos fenólicos totais e na análise fitoquímica de quatro especiarias: Kokum, orgeno, anis estrelado e Tejpata.

Especiarias: um alimento funcional completo

As especiarias eram alguns dos artigos de comércio mais valiosos no mundo antigo e medieval. Os herboristas e os praticantes populares utilizam remédios à base de plantas há séculos, mas só recentemente os cientistas começaram a estudar os poderes das ervas e especiarias comuns. As especiarias são ricas em antioxidantes e um estudo científico sugere que são também potentes inibidores dos danos nos tecidos e da inflamação causada por níveis elevados de açúcar no sangue e de lípidos em circulação. Devido ao seu teor de fenóis, são capazes de bloquear a formação de compostos que contribuem para os danos causados por distúrbios metabólicos. Uma vez que as especiarias têm um teor calórico muito baixo e são relativamente baratas, são fontes fiáveis de antioxidantes e outros compostos bioactivos potenciais na dieta (Muthalaxmi *et al.*, 2009). O principal foco desta revisão é o papel que as especiarias desempenham na gestão das doenças cardíacas, servindo como agentes de prevenção e tratamento. Em termos gerais, a revisão sugere que "adicionar especiarias à nossa vida" pode ser uma forma deliciosa e sensata de manter um coração saudável.

As especiarias são uma das formas mais fáceis de adicionar alimentos funcionais à nossa dieta. Numerosos estudos demonstraram que as plantas aromáticas e medicinais são fontes de diversas moléculas nutritivas e não nutritivas, muitas das quais apresentam propriedades antioxidantes e antimicrobianas que podem proteger o corpo humano contra as reacções de oxidação celular e os agentes patogénicos (Mothana e Lindequist, 2004). As especiarias, que há muito tempo são a base da medicina tradicional em muitos países, também têm sido objeto de estudo, particularmente pelas indústrias química, farmacêutica e alimentar, devido à sua potencial utilização para melhorar a saúde. Estudos *in vitro* e *in vivo* demonstraram como estas substâncias actuam como antioxidantes, estimulantes digestivos e hipolipidémicos e apresentam actividades antibacterianas, anti-inflamatórias, antivirais e anticarcinogénicas. Estes efeitos fisiológicos benéficos podem também ter possíveis aplicações preventivas numa variedade de patologias (Martos *et al.*, 2011). Tapsell *et al.*, 2006 também discutiram o papel das ervas e especiarias na saúde. Assim, tendo tantas dobras secretas de benefícios para a saúde, são alimentos funcionais completos.

Relevância da escolha destas quatro especiarias

A Índia é conhecida mundialmente como **"Hub of Spices" (centro das especiarias)**. Quase todas as espécies de especiarias são produzidas na Índia. Cada especiaria tem o seu próprio conjunto de utilizações culinárias e benefícios medicinais e para a saúde. Entre todas estas especiarias, algumas são conhecidas em todo o mundo devido às suas excelentes propriedades antimicrobianas e antioxidantes e ao seu potencial nutracêutico. O Conselho Nacional de Plantas Medicinais identificou **o "Kokum"** como uma das 32 espécies de plantas prioritárias para promoção e desenvolvimento (Fundação WKG, 2012). Um constituinte da kokum, o garcinol, tem potencial antioxidante (Devasagayam *et al.*, 2006; Krishamurthy e Sampathu., 1998), inibição da glicação (Yamaguchi *et al.*, 2000 a), antiulceroso (Yamaguchi *et al.*, 2000 b) e anticancerígeno (timeswellness, 2010). O Kokum é muito baixo em calorias e é uma fonte muito boa de Vit C & B.

Tem um potencial nutracêutico muito bom. O óleo de **orégãos** contém timol e carvacro, que têm propriedades antioxidantes e antibacterianas e também inibem a oxidação de gorduras e óleos (Makinen *et al.*, 2002). **O anis estrelado** é amplamente utilizado como condimento para aromatizar caris, produtos de confeitaria e bebidas espirituosas e para fins de colheita (De. M *et al.*, 2001). Para além de todas as utilizações, o anis estrelado mostrou uma forte atividade antioxigénica (Padmashree *et al.*, 2007). **A folha de louro** (Tejpatta) é conhecida pela sua atividade antidiabética (Roux *et al.*, 1998), atividade antibacteriana (Prabussnivasan *et al.*, 2006), atividade antioxidante (Osawa *et al.*, 1983) e possui um agente antiespasmódico, antifúngico e carminativo (Begum *et al.*, 2013).

Com base em todos os vários benefícios para a saúde, disponibilidade, popularidade, propriedades antimicrobianas, antioxidantes e potencial nutracêutico, o estudo seguinte foi reduzido a estas quatro especiarias: **Kokum, orégãos, anis estrelado** e **folha de louro**, respetivamente.

Aspectos futuros

Uma vez que várias doenças metabólicas e desordens degenerativas relacionadas com a idade estão intimamente associadas a processos oxidativos no organismo, a utilização de especiarias como fonte de antioxidantes para combater a oxidação merece maior atenção. Os estudos imediatos devem centrar-se na validação da capacidade antioxidante das especiarias após a colheita, bem como no teste dos seus efeitos nos marcadores de oxidação. Isto funcionará em paralelo com ensaios clínicos que têm como objetivo estabelecer os antioxidantes como mediadores da prevenção de doenças. Do ponto de vista dietético, a funcionalidade das especiarias será exposta através da consideração das suas propriedades como alimentos. Tal como acontece com a maioria dos alimentos, os benefícios reais da sua inclusão na dieta são susceptíveis de emergir com uma melhor compreensão dos atributos de saúde que são melhor apoiados pelos alimentos, e em desenvolvimentos metodológicos que abordam a base de evidências para os seus efeitos. Estes desenvolvimentos estão bem encaminhados através de quadros baseados em provas para fundamentar as alegações de saúde relacionadas com os alimentos. Atualmente, as recomendações são justificadas para apoiar o consumo de alimentos ricos em componentes bioactivos, como as especiarias. Com o tempo, podemos esperar ver um maior número de provas científicas que apoiam os benefícios das ervas aromáticas e especiarias na manutenção geral da saúde e na proteção contra a doença.

Objectivos:

Os principais objectivos dos presentes estudos foram os seguintes

1. **Estudos sobre a biologia de quatro especiarias diferentes, ou seja, Kokum *(Garcinia indica*Choisy*)*, orégãos *(Origanum vulgare L.)*, anis estrelado *(Illicium verum* Hook.f.*)* e louro *(Cinnamomum tamala*** (Buch.-Ham.) T.Nees & C.H.Eberm.
2. **Análise fitoquímica qualitativa do extrato das respectivas especiarias.**
3. **Estimativa do teor de fenólicos totais do extrato de todas as especiarias.**
4. **Determinação da atividade antioxidante *in vitro* dos extractos das especiarias em questão.**

Biologia de Kokum *(Garcinia indica)*, Oregano *(Oreganum vulgare)*, Anis estrelado *(Illicium verum)* e Folha de Louro *(Cinnamomum tamala)*

1. Kokum *(Garcinia indica)*

Introdução:

O kokum *(Garcinia indica)* é uma das especiarias arbóreas nativas pouco exploradas. Encontra-se principalmente na região de Konkan, em Maharashtra, Goa, Karnataka, Kerala e no distrito de Surat, em Gujarat, na costa ocidental da Índia e, em certa medida, nas florestas de Assam, Meghalaya e Bengala Ocidental. Apesar das suas incríveis propriedades medicinais e nutritivas, o kokum não é geralmente cultivado de forma sistemática à escala dos pomares, como a manga, a castanha de caju, etc. Encontra-se sobretudo como planta de horta ou cultura mista em plantações de coco, noz de areca, como planta de beira de estrada ou na floresta (WGK Foundation, 2012). Os nomes comuns do Kokum são **árvore de manteiga de Goa, árvore de manteiga de Kokum, árvore de óleo de mangostão, bheranda bhiranda, kokamba, kokambi, ratamba, ratambi, tambada amba, murgal, murgal-mara, kaattampi kokkam, murgina, punarpuli, devana huli, tintali, Kokam ou bhirind, vrikshamia, amlabija, amlapura** e **amlashaka**, etc. Em francês, italiano e espanhol o nome é escrito como **"cocum"** e em português é conhecido como **"brindao"** ou **"brindonna"**.

Biologia do Kokum:

O Kokum é uma árvore tropical perene com ramos inclinados; atinge alturas de 15 m. A casca fina é revestida e as folhas são 1/2 oblongas. O fruto roxo escuro é redondo, com cerca de 4 cm de diâmetro e 5 a 8 sementes. Os frutos são colhidos quando maduros, a casca é então removida e embebida no sumo da polpa e depois seca ao sol. Os frutos maduros de kokum são colhidos durante abril-maio numa região/localidade e a produção é reunida num único ponto para transformação. São preparados produtos de valor acrescentado como o sumo salgado *(agal),* o xarope *(amrut)* ou a casca seca (WGK Foundation, 2012; Plate I a,b).

A investigação científica indica atividade contra várias linhas de células cancerígenas, incluindo o cancro da mama, o cancro do fígado e a leucemia. Para além disso, a Kokum também apresenta propriedades anti-histamínicas e anti-inflamatórias. Tradicionalmente, o Kokum é utilizado há muitos anos como tratamento medicinal para a diarreia, infecções cutâneas e feridas em todo o Sul da Ásia. Os frutos contêm ácido cítrico, ácido acético, ácido málico, ácido ascórbico, ácido hidroxicítrico e garcinol (WGK Foundation, 2012).

Classificação científica do Kokum:

Reino: *Plantae*

Divisão: *Magnoliophyta*

Classe: *Magnoliopsida*

Encomendar: *Theales*

Família: *Clusiaceae*

Género: *Garcinia*

Espécie: *indica*

Designação binominal: *Garcinia indica*

Composição química do Kokum

Character	Value
Melting point	39.5 – 40.0° C
Sap. Equiv.	299.5
Iodine value	37.4
Unsapen matter (%)	1.4
Free Fatty acids (% as oleic)	7.2
Component fatty acids (% by weight)	
Palmitic	2.5
Stearic	56.4
Arachidic	-
Olein	39.4
Linolein	1.7
Component glycerides (% by mol)	
Tristearin	1.5
Oleodistearin	68
Oleopamitostrearin	8
Palmitodiolein	20
Triolein	2

Tabela 2.1: Caraterísticas da gordura Kokum (Os valores são expressos em base livre de humidade) (WGK Foundation, 2012).

Tabela 2.2: Composição química da casca de Kokum fresca (**Os valores são expressos em base livre de humidade**) (WGK Foundation, 2012).

Character	Value
Moisture	80.00
Protein (N × 6.25) %	1.92
Crude fibre (%)	14.28
Total ash (%)	2.57
Tannine (%)	2.85
Pectin (%)	5.71
Starch (%)	1.00
Crude fat (%)	10.00
Acid (as hydroxyl citric acid)	22.80
Pigment (%)	2.40
Ascorbic acid (%)	0.06
Carbohydrates by difference (%)	35.00

Kokum: uma baga maravilhosa

O Conselho Nacional de Plantas Medicinais identificou o 'Kokum' como uma das 32 espécies de plantas prioritárias para promoção e desenvolvimento. A casca de Kokum é amplamente utilizada em bebidas refrescantes e caril (WGK Foundation, 2012). A manteiga de Kokum preparada a partir de sementes tem valor comercial, nutricional e medicinal (Balinga *et al.,* 2011). O fruto é anti-helmíntico, cardiotónico, útil contra pilhas, disenteria e é um tónico para o coração. O ácido hidroxicítrico (HCA) extraído da Kokum é um medicamento redutor de gordura usado contra a obesidade e está disponível no mercado na forma de comprimidos. A fruta kokum contém compostos com propriedades antioxidantes, antibacterianas e antifúngicas (WGK Foundation, 2012). Tradicionalmente, o kokum é utilizado tanto para fins culinários como medicinais. As sementes, a casca, a casca, o sumo da raiz e a polpa desta baga roxa têm uma miríade de benefícios para a saúde (Rahul, 2010).

1) Utilizações culinárias:

> A casca seca (Amsul) é utilizada principalmente para guarnição e é um bom substituto do tamarindo. O fruto também pode ser utilizado para o fabrico de vinho e licor e pode ser um

bom substituto das uvas na indústria vinícola. Os pigmentos de antocianina obtidos a partir do fruto são utilizados como corantes naturais para a conservação de alimentos (Fundação WGK, 2012).

> O kokum tem as mesmas qualidades azedas que o tamarindo, melhorando especialmente os caris à base de coco ou os pratos de vegetais como batatas, quiabos ou lentilhas. O kokum é especialmente utilizado em caris de peixe, sendo três ou quatro peles suficientes para temperar um prato médio. Também é incluído em chutneys e pickles. Normalmente, as peles não são cortadas, sendo adicionadas inteiras ao prato. O tempero deve ser verificado, uma vez que são bastante salgadas. Cuidado ao morder um caroço, pois é frequente ficarem alguns nas peles (Fundação WGK, 2012).

> As cascas de Kokum secas são muito utilizadas na culinária, pois conferem um sabor adocicado e picante aos alimentos (WGK Foundation, 2012).

> O sumo de kokum é uma opção mais saudável e muito mais refrescante em comparação com as bebidas engarrafadas comerciais. Actua como estimulante do apetite e tem também propriedades anti-helmínticas (Fundação WGK, 2012).

> O sumo de kokum é especialmente popular durante os meses escaldantes de verão, pois tem um efeito refrescante no corpo e protege-o contra a desidratação e a insolação. Também ajuda a baixar a febre e as reacções alérgicas (Fundação WGK, 2012).

> A manteiga de kokum é utilizada como manteiga de confeitaria. É rica em gorduras saudáveis como os ácidos esteárico e oleico e também pode ser usada como óleo comestível, especialmente em confeitaria (WGK Foundation, 2012).

> A adição de kokum é suposto realçar o sabor dos caris à base de coco e remover o cheiro desagradável da cavala e da sardinha. Também é utilizado em alguns pratos de legumes e para preparar chutneys e pickles (Bafana, 2012).

> **Tempero:** A casca e a polpa são secas e pulverizadas até se transformarem num pó. Esta combinação agridoce é um ótimo complemento para uma série de pratos indianos. Por vezes, é também adicionada a vegetais para dar um sabor e um paladar diferentes. Este pó também pode ser adicionado a sumos e abóboras, para dar um toque picante (Rahul, 2010).

> **Enlatamento:** O kokum é um agente de enlatamento ideal devido à sua natureza resistente ao calor. O kokum também é adicionado para evitar a deterioração em chutneys, pickles, etc. (Rahul, 2010).

> **Corante alimentar:** O fitoquímico antocianina, presente na casca, confere ao kokum uma cor púrpura escura devido à antocianina. É utilizada como um ótimo corante.

2) Benefícios para a saúde:

Os vários benefícios para a saúde associados ao Kokum são os seguintes

(i) **Atividade antimicrobiana:** Kokum mostrou atividade antibacteriana contra organismos gram positivos e gram negativos. As actividades antimicrobianas do extrato de kokum contra organismos gram positivos aumentam à medida que o volume de extractos aumenta (Sutar *et al.*, 2012). O garcinol mostra atividade antibacteriana contra *Staphylococcus aureus* resistente à meticilina, comparável à do antibiótico Vancomicina (Rukachaisirikul *et al.*, 2005; Iinuma *et al.*, 1996).

(ii) **Atividade antioxidante:** Os frutos de kokum contêm grandes quantidades de anti-oxidantes que se ligam aos radicais livres e previnem os danos oxidativos nas células do corpo. Eles também promovem a regeneração e reparação celular (WGK Foundation, 2012). Um constituinte da *G. indica,* o Garcinol, uma benzofenona poli-isoprenilada, foi relatado como sendo um antioxidante (Devasagayam *et al.*, 2006; Krishnamurthy & Sampathu, 1988). Foi relatado que os extractos aquosos de *G. indica* possuem potentes actividades antioxidantes, de eliminação de radicais livres e anti-lipídicas peroxidativas (Devasagayam *et al.*, 2006).

(iii) **Agente antiulceroso:** Um constituinte da *G. indica*, o Garcinol também actua como inibidor da gilcação (Yamaguchi *et al.*, 2000a) e como agente antiulceroso (Yamaguchi *et al.*, 2000b).

(iv) **Anti-cancerígeno**: De acordo com alguns estudos, o garcinol, presente na kokum, pode inibir o crescimento das células cancerígenas intestinais sem afetar as células normais. O garcinol também tem propriedades antioxidantes e anti-inflamatórias, que reduzem as espécies reactivas de oxigénio causadoras de cancro (Rahul, 2010). O garcinol de Kokum inibe a atividade da HAT (histona acetiltransferase) e induz a apoptose celular. Assim, esta investigação sugeriu que o garcinol de Kokum actuou como agente anticancerígeno inibindo a atividade da HAT e instigando a apoptose (Balasubramanyam *et al.*, 2004).

(v) **Combate a obesidade:** A kokum é um forte agente anti-obesidade, uma vez que suprime a lipogénese - síntese de ácidos gordos e consumo de alimentos. Ao realizar estas actividades, a kokum provoca a perda de peso. Reduzir a inflamação em pessoas obesas é um objetivo do tratamento e a kokum faz isso maravilhosamente bem (Rahul, 2010). No sistema de medicina ayurvédica, é utilizada para tratar doenças relacionadas com a obesidade e vários estudos demonstraram que o ácido hidroxicítrico (também conhecido como ácido de garcinia), um componente da kokum, possui efeitos anti-obesidade (Arseculeratne *et al.*, 1981). O consumo de ácido hidroxicítrico reduz o apetite, inibe a síntese de gordura, a lipogénese, diminui a ingestão de alimentos e reduz o peso corporal (Preussa *et al.*, 2004; Jena, Jayaprakasha *et al.*, 2002). Inibe igualmente a síntese de ácidos gordos e a lipogénese a partir de vários precursores (Jena *et al.*, 2002).

(vi) **Cuidados cardiovasculares:** A kokum não contém gorduras saturadas/colesterol. A sua casca contém ácido hidroxicítrico, que é utilizado para reduzir o colesterol. As propriedades anti-inflamatórias da kokum previnem o aparecimento de doenças cardíacas (Rahul, 2010).

(vii) **Digestão:** O kokum é normalmente utilizado para combater problemas digestivos como a flatulência, a acidez, a indigestão e a obstipação. Também é utilizado no tratamento de hemorróidas e fissuras anais. Também é utilizado para estimular o apetite e tem propriedades anti-helmínticas (remove vermes como o ascaris do estômago) (Rahul, 2010).

(viii) **Outros benefícios para a saúde:** O extrato de kokum actua como um calmante para os nervos devido à presença de cafeína (Sutar *et al.,* 2012). Um dos ingredientes da kokum, o ácido hidroxicítrico (HCA), foi patenteado para utilização como agente hipocolesterolémico (Jena *et al.,* 2002).

3) Utilizações diversas:

> As sementes de kokum contêm uma elevada percentagem de óleo que congela para formar a manteiga de kokum. A manteiga de Kokum é amplamente utilizada na indústria farmacêutica e cosmética, pois faz maravilhas na pele seca, gretada, sensível, irritada ou queimada. A manteiga de Kokum está a ganhar popularidade rapidamente em relação à manteiga de cacau como hidratante intensivo da pele (WGK Foundation, 2012).

> Muitos efeitos terapêuticos do fruto foram descritos na Ayurveda, que incluem a sua utilidade como infusão e em doenças da pele, como erupções cutâneas causadas por alergias; no tratamento de queimaduras, escaldões e pele gretada; como remédio para a disenteria e diarreia mucosa; como aperitivo e um bom tónico para o fígado; como cardiotónico e para hemorragias, pilhas, tumores e doenças cardíacas (Shastri, 1956). O óleo de Kokum é utilizado para diminuir as fissuras e gretas no calcanhar dos pés.

> Devido às suas propriedades calmantes e cicatrizantes, também é aplicado diretamente em feridas e áreas infectadas da pele (Fundação WGK, 2012).

> A gordura comestível "manteiga de Kokum" obtida a partir dos grãos de sementes é utilizada no fabrico de sabonetes, velas, pomadas e preparações farmacêuticas, especialmente em produtos de cuidados da pele, devido à sua capacidade de suavizar a pele e curar úlceras. Reduz a degradação das células da pele e restaura a elasticidade (Fundação WGK, 2012).

2. Orégãos *(Origanum vulgare)*

Introdução:

Com a procura crescente no domínio dos medicamentos à base de plantas, há uma necessidade crescente de estudos sobre várias plantas à base de plantas, como os orégãos. Os orégãos são destilados a vapor a partir das folhas e têm um aroma herbáceo pungente (picante, picante e quente) e penetrante. Os orégãos são há muito valorizados pelas suas propriedades culinárias, aromáticas e medicinais. Estas qualidades são o resultado de substâncias químicas que ocorrem naturalmente na planta. Uma das fontes destas qualidades é o óleo volátil ou "essencial". Outros produtos químicos do metabolismo das plantas, como os óleos fixos e os flavonóides, também contribuem para estas qualidades. O orégão é uma erva perene maravilhosa, tanto para fins culinários como medicinais. Há muito que é reconhecido como um dos "alimentos funcionais" pelas suas propriedades nutricionais, anti-oxidantes e de prevenção de doenças. A erva, cujo nome significa "delícia das montanhas" em grego, é nativa da região mediterrânica.

Biologia dos orégãos:

Botanicamente, a erva pertence à família da hortelã *(Lamiaceae)*, do género *Origanum* e é conhecida cientificamente como *Origanum vulgare.* A planta é um pequeno arbusto, que cresce até 75 cm de altura, com caules multi-ramos cobertos por pequenas folhas ovais verde-acinzentadas e pequenas flores brancas ou cor-de-rosa (Placa I c, d). Na literatura, existem muitos relatórios que relacionam a composição química e as propriedades antimicrobianas dos óleos essenciais de várias espécies de *Origanum*, e a sua aplicação em várias preparações comerciais, como antimicrobianos e antioxidantes (Baydar *et al.*, 2004).

De todas as espécies de *Oreganum, o O. vulgare* é considerado como GRAS a 320-2800 ppm. Além disso, também inclui os flavonóides, galangina e qurecetina, que podem reduzir a mutação na armadilha de carcinogéneos dietéticos. Cervato *et al.,* (2000) descobriram alguma atividade antirradicalar em extractos aquosos e metanólicos de folhas de orégãos e Bendini *et al.,* (2002) relataram que os extractos etanólicos em condições selecionadas mostraram atividade antioxidante.

Classificação científica dos orégãos:

Reino: Plantae

Divisão: Traqueófitas

Classe: Magnoliopsida

Encomendar: Lamiales

Família: Lamiaceae

Género: *Oreganum*

Espécie: *vulgare*

Quadro 2.3 Composição química do *Oreganum vulgare:* (USDA, 2013)

Principle	Nutrient Value	Percentage of RDA
Energy	306 Kcal	15%
Carbohydrates	64.43 g	49%
Protein	11 g	19.5%
Total Fat	10.25	34 %
Cholesterol	0 mg	0%
Dietary Fiber	42.8 g	107%
Vitamins		
Folates	274 µg	69%
Niacin	6.22 mg	39%
Pantothenic acid	0.921 mg	17%
Pyridoxine	1.210 mg	93%
Riboflavin	0.320 mg	24.5%
Thiamin	0.341 mg	28%
Vitamin A	6903 IU	230%
Vitamin C	50 mg	83%
Vitamin E	18.86 mg	126%
Vitamin K	621.7 µg	518%
Electrolytes		
Sodium	15 mg	1%
Potassium	1669 mg	35.5%
Minerals		
Calcium	1576 mg	158%
Copper	0.943 mg	105%
Iron	44 mg	550%
Magnesium	270 mg	67.5%
Manganese	4.667 mg	203%
Zinc	4.43 mg	40%
Phyto-nutrients		
Carotene-ß	4112 µg	--
Crypto-xanthin-ß	11 µg	--
Lutein-zeaxanthin	862 µg	--

Orégãos: uma especiaria multifacetada

Os orégãos têm sido utilizados desde a antiguidade pelo seu aroma, sabor, valores medicinais e económicos e também valores ornamentais. Também podem tratar doenças médicas, têm benefícios culinários, bem como utilizações diversas (Prathynsha *et al.,* 2009). As várias utilizações da especiaria são mencionadas abaixo:

1) Utilizações culinárias:

As plantas de Origanum são componentes essenciais da cozinha italiana, grega e francesa. São designadas como **"o coração e a alma da cozinha mediterrânica"** (Belsinger e Susan. 2004; Belsinger et al., 1992). As folhas de orégãos são normalmente adicionadas pouco antes da preparação das receitas, a fim de manter intactas a fragrância e o sabor aromático (Rudrappa, 2009).

> Os orégãos em pó são utilizados há muito tempo como agentes aromatizantes em vários produtos alimentares (Kacaniova *et al.*, 2012).

> A erva de orégãos é muito utilizada como "especiaria de sabor" (Rudrappa, 2009).

> O óleo de orégão é utilizado como agente aromatizante alimentar, devido ao seu elevado teor de derivados fenólicos, como o carvacrol e o timol (Preuss *et al.*, 2005).

> Tem sido utilizada na preparação de muitos pratos populares da cozinha mediterrânica e mexicana desde a antiguidade. Juntamente com outros itens picantes, está a ser utilizado como agente aromatizante na preparação de pizzas, frango, peixe e pratos de carne (Rudrappa, 2009).

> Também tem sido utilizado na preparação de sopas, omeletas, molhos e conservas. Os orégãos frescos picados são um ótimo complemento para saladas de legumes verdes e de frutas (Rudrappa, 2009).

> **Conservante alimentar**: Devido às suas propriedades antioxidantes e antibacterianas, os orégãos também são promissores para a conservação de alimentos. Os orégãos podem inibir a oxidação de gorduras e óleos devido principalmente à presença de carvacrol e flavonóides (Makinen *et al.* 2002).

2) Benefícios para a saúde:

(i) Atividade antioxidante:

As ervas frescas são uma excelente fonte de antioxidantes e vitaminas. Como a vitamina C ajuda o corpo a desenvolver resistência contra agentes infecciosos e elimina os radicais livres pró-inflamatórios nocivos.

Os fitonutrientes, como o timol e o ácido rosmarínico, presentes nos orégãos actuam como antioxidantes. O consumo de pequenas quantidades de orégãos pode proporcionar as mesmas propriedades antioxidantes quando comparado com grandes doses de frutas e legumes (http://recipeclout.india-server.com/index). O óleo essencial obtido de *oreganium vulgare L.* tem propriedades antioxidantes (Kacanivo *et al.,* 2012). A erva é rica em anti-oxidantes flavonóides polifenólicos (vitamina A, carotenos, luteína, zea-xantina e criptoxantina) e foi classificada como uma das fontes vegetais com maior atividade anti-oxidante. Estes compostos ajudam a atuar como protectores contra os radicais livres derivados do oxigénio e as espécies reactivas de oxigénio (ROS) que desempenham um papel no envelhecimento e em vários processos de doença (http://www.nutrition-and- you.com/oregano). Bendini *et al.* 2002 referiram que os extractos etanólicos em condições selecionadas apresentavam atividade antioxidante.

(ii) Atividade antimicrobiana:

O óleo *de Origanum*, utilizado como agente aromatizante de alimentos, possui um amplo espetro de atividade antimicrobiana devido, pelo menos em parte, ao seu elevado teor de derivados fenólicos, como o carvacrol e o timol (Preuss *et al.*, 2005). Os orégãos são um agente antibacteriano muito eficaz. O óleo de orégãos contém timol e carvacrol, ambos eficazes na inibição do crescimento de bactérias nocivas para a saúde. Os peritos médicos são da opinião de que é melhor e mais seguro utilizar o óleo de orégãos do que um medicamento prescrito para o tratamento de infecções causadas por bactérias ou amebas (http://recipeclout.india-server.com/index).

Harpaz *et al.*, (2003) estudaram que o óleo essencial de *O. vulgare* retardava a deterioração do robalo asiático de água doce ao inibir o crescimento bacteriano, prolongando o prazo de validade para 33 dias. O óleo essencial obtido de *oreganium vulgare L.* tem propriedades antioxidantes (Kacanivo *et al.*, 2012). Os orégãos possuem propriedades antibacterianas consideráveis devido principalmente ao seu teor de carvacrol e timol (Burt, 2004; Govaris *et al.*, 2011). Verificou-se também que o timol tem actividades antibacterianas e antifúngicas (http://www.nutrition-and-you.com/oregano).

(iii)Atividade anti-radicalar:

Cervato *et al.*, (2000) encontraram alguma atividade antirradicalar em extractos aquosos e metanólicos de folhas de orégãos.

(iv)Outros benefícios para a saúde:

- Os orégãos são uma importante fonte de fibra. A fibra nos orégãos combina-se com os sais biliares e as toxinas no cólon para os expulsar do corpo. A eliminação dos sais biliares leva à decomposição do colesterol no corpo para formar mais sais biliares e, assim, manter o nível de colesterol sob controlo. A eliminação das toxinas do cólon previne o risco de cancro do cólon (http://recipeclout.india-server.com/index).
- O óleo de *Oreganium vulgare* tem a capacidade de prevenir a oxidação lipídica do BHT (Butylated Hydroxytoluene) e do BHA (Butylated Hydroxyanisol) (Galego *et al.*,2010).

- Os orégãos contêm uma lista impressionante de compostos químicos derivados de plantas que são conhecidos por terem propriedades de prevenção de doenças e de promoção da saúde (http://www.nutrition-and-you.com/oregano).
- As partes da erva não contêm colesterol; no entanto, são uma fonte rica de fibra alimentar, que ajuda a controlar os níveis de colesterol no sangue (http://www.nutrition-and-you.com/oregano).
- Os orégãos contêm óleos essenciais benéficos para a saúde, como o carvacrol, o timol, o limoneno, o pineno, o ocimeno e o cariofileno (http://www.nutrition-and-you.com/oregano).
- Os princípios activos da erva podem melhorar a motilidade intestinal e aumentar o poder de digestão, facilitando a secreção abundante de enzimas gastrointestinais (http://www.nutrition-and-you.com/oregano).
- Esta erva maravilhosa é uma excelente fonte de minerais como o potássio, o cálcio, o manganês, o ferro e o magnésio. O potássio é um componente importante dos fluidos celulares e corporais que ajuda a controlar o ritmo cardíaco e a pressão sanguínea causada pelo sódio elevado. O manganês e o cobre são utilizados pelo organismo como co-factores da enzima antioxidante, a superóxido dismutase. O ferro ajuda a prevenir a anemia. O magnésio e o cálcio são minerais importantes para o metabolismo ósseo (http://www.nutrition-and-you.com/oregano).
- Os orégãos têm demonstrado qualidades anti-sépticas desde tempos imemoriais. Sendo um antissético eficaz, os orégãos são utilizados para curar várias doenças do estômago, das vias respiratórias e da garganta (http://recipeclout.india-server.com/index).
- As folhas e o caule florido da planta têm propriedades fortemente anti-sépticas, antiespasmódicas, carminativas, colagogas (ajudam a secreção da vesícula biliar), diaforéticas (produção de suor), expectorantes, estimulantes e ligeiramente tónicas. A sua decocção é tomada por via oral para o tratamento de constipações, gripe, febres ligeiras, indigestão, perturbações gástricas e condições menstruais dolorosas (http://www.nutrition-and-you.com/oregano).

Seleção e armazenamento de especiarias:

As ervas de orégãos são ideais para secagem porque retêm melhor o seu sabor do que muitas outras ervas secas. Os orégãos podem ser secos em telas, tabuleiros, cestos de secagem ou numa área seca (Adams, James. 2004; Belsinger, e Susan. 2004; McKimm, Rae. 2004, Tucker *et al.,* 1989). Tanto os orégãos frescos como os secos estão facilmente disponíveis nas lojas de ervas durante todo o ano. Se for possível, tente comprar a erva fresca em vez da seca, uma vez que tem um sabor superior e é rica em óleos essenciais, vitaminas vitais e anti-oxidantes como o beta-caroteno, a vitamina C e os folatos.

Escolha folhas frescas de orégãos com uma cor verde vibrante e um caule firme. Não deve ter bolor, descoloração ou amarelecimento. Os orégãos secos devem ser comprados numa quinta biológica e processados a partir de fontes autênticas, de modo a que a erva esteja isenta de irradiação e de resíduos de pesticidas.

As folhas frescas devem ser guardadas no frigorífico, dentro de um saco com fecho de correr ou embrulhadas numa toalha de papel ligeiramente húmida. As folhas secas podem ser mantidas frescas durante muitos meses se forem guardadas num recipiente de vidro bem fechado e armazenadas num local fresco, escuro e seco.

3. Anis estrelado *(Illicium verum)*

Introdução:

O nome do género deriva do latim **"illicere"** (seduzir), provavelmente devido à sua fragrância doce e atraente. Na sua área de distribuição natural, há duas épocas de floração e frutificação por ano. A primeira floração ocorre em junho e os frutos amadurecem em maio e junho do ano seguinte. Segue-se outra floração pouco depois da primeira, com frutos maduros produzidos em outubro-novembro do ano seguinte (Orwa *et al.,* 2009). Normalmente, encontram-se boas colheitas de frutos de três em três anos (Orwa *et al.,* 2009). É utilizado como condimento para aromatizar caris, produtos de confeitaria e bebidas espirituosas e para decapagem (De M *et al.,* 2001). Mais recentemente, o ácido chiquímico, extraído do anis estrelado, é um dos principais ingredientes do medicamento antiviral Tamiflu, utilizado na luta contra a gripe aviária. Devido aos seus muitos efeitos na saúde, tem sido dada grande atenção ao anis estrelado. Estudos recentes mostraram que o anis estrelado possui actividades antioxidantes (Kim *et al.,* 2003) e um potencial anti-carcinogénico significativo (Yadav *et al.,* 2007). O pó de anis estrelado, a sua fração solúvel em etanol/água (80:20) e o óleo essencial mostraram uma forte atividade antioxigénica (Padmashree *et al.,* 2007). O tratamento com anis estrelado pode reduzir a carga tumoral, diminuir o stress oxidativo e aumentar o nível de enzimas de fase II, o que pode contribuir para o seu potencial anti-carcinogénico. Os extensos estudos farmacológicos modernos sobre esta planta incidem principalmente no seu óleo essencial (Stahl *et al.,* 1985; OMS e Instituto de Matéria Médica, 1990; Dang e Sarath, 1997; Liu *et al.,* 1997) e na porção de ácido chiquímico (Treanor *et al.,* 2002; Richard *et al.,* 2005).

Biologia das plantas:

O *Illicium verum* é uma árvore de folha perene de tamanho médio, com 8-15 (-20) m de altura e até 30 cm de diâmetro, com um tronco reto e arredondado e ramos verdes e glabros. A casca é branca a cinzenta brilhante. Folhas com 6-12 cm de comprimento, alternas, simples, coriáceas, frequentemente agrupadas 3-4 vezes na extremidade dos ramos Flores grandes, bissexuais, com 1-1,5 cm de diâmetro, de cor branca a vermelha ou amarelo-esverdeada, axilares e solitárias. Fruto em cápsula, agregado de 6-8 ou raramente até 12-13 folículos lenhosos em forma de barco, com bico reto. Cada folículo contém uma semente castanha brilhante ou avermelhada com elevado teor de óleo e odor a anis (Orwa *et al.*, 2009; Placa II a, b).

Nomenclatura científica do anis estrelado:

Reino: *Plantae*

Divisão: *Traqueófitas*

Classe: *Equisetopsida*

Ordem: *Austrobaileyales*

Família: *Schisandraceae*

Género: *Illicium*

Espécie: *verum*

Composição química da planta:

Nas folhas e nos frutos do anis estrelado estão presentes vários constituintes químicos, a seguir mencionados:

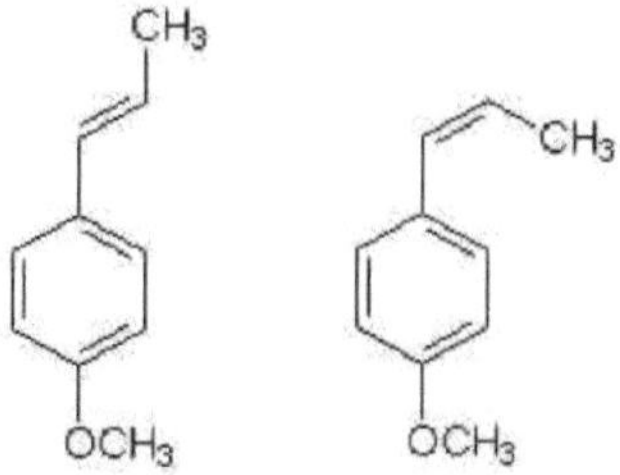

trans- *cis-*
Anethol

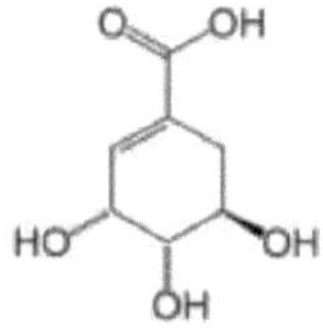

Shikmic acid

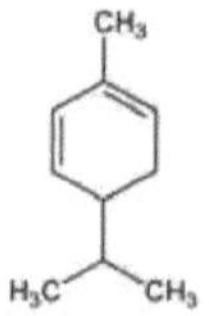

Phellandrene

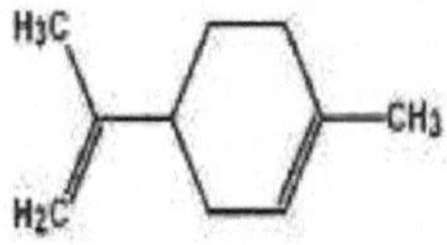

Limonene

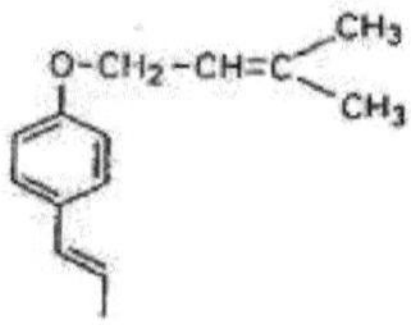

Foeniculin

Tabela 2.4 Composição química de 100 g *de Illicium verum* (USDA, 2013)

Principle	**Nutrient Value**	**Percentage of RDA**
Energy	337 Kcal	17%
Carbohydrates	50.02 g	38%
Protein	17.60 g	31%
Total Fat	79%	15.90 g
Cholesterol	0 mg	0%
Dietary Fiber	14.6 g	38%
Vitamins		
Folates	10 µg	2.5%
Niacin	3.060 mg	19%
Pantothenic acid	0.797 mg	16%
Pyridoxine	0.650 mg	50%
Riboflavin	0.290 mg	22%
Thiamin	0.340 mg	28%
Vitamin A	311 IU	10.5%
Vitamin C	21 mg	35%
Electrolytes		
Sodium	16 mg	1%
Potassium	1441 mg	31%
Minerals		
Calcium	646 mg	65%
Copper	0.910 mg	101%
Iron	36.96 mg	462%
Magnesium	170 mg	42.5%
Manganese	2.300 mg	100%
Phosphorus	440 mg	63%
Selenium	5.0 mg	9%
Zinc	5.30 mg	48%

Utilizações do anis estrelado

1. Utilizações culinárias

> As sementes de anis estrelado, o óleo e as folhas jovens frescas são utilizados na culinária. O sabor é intensificado pela fritura a seco das sementes. O anis é utilizado em

pratos salgados e doces, conferindo um sabor doce-aromático a uma variedade de cozinhas. As sementes inteiras e, muitas vezes, o pó recém-moído são adicionados às receitas no último momento para limitar a evaporação dos óleos essenciais voláteis nelas contidos (https://www.nutrition-and-you.com).

> Esta especiaria delicada está a ser utilizada como base aromatizante para sopas, molhos, pães, bolos, biscoitos e produtos de confeitaria (https://www.nutrition-and- you.com).

> Muitas bebidas aromáticas estão a ser preparadas a partir do anis estrelado como - prenod, pastis francês, ojen espanhol, etc. (https://www.nutrition-and-you.com).

> As sementes de anis, bem como o seu óleo, têm sido utilizados na preparação de pratos doces em muitos países asiáticos (https://www.nutrition-and-you.com).

> É utilizado como base aromatizante na preparação de chá de ervas; e um licor chamado anisette (https://www.nutrition-and-you.com).

> O anis estrelado (bajiao) é uma das especiarias mais importantes da cozinha chinesa e é o sabor dominante no pó chinês de cinco especiarias, juntamente com o cravinho, a canela, o huajiao (pimenta de Sichuan) e as sementes de funcho moídas (https: //www.nutrition-and-you.com).

> O óleo essencial dos frutos de anis estrelado é utilizado no comércio de confeitaria para aromatizar alcaçuz e outros doces, no comércio de panificação para aromatizar bolos, biscoitos e bolachas e na indústria de licores para aromatizar anisette. É um aromatizante comum para chás medicinais, misturas para a tosse e pastilhas. (Shu Xin *et al.,* 2010).

2. Benefícios para a saúde:

O anis estrelado tem muitos benefícios para a saúde, como mencionado abaixo:

(i) Propriedades antimicrobianas:

O aumento das infecções bacterianas que apresentam resistência aos antibióticos existentes intensificou a procura de novos agentes que possam revelar-se mais eficazes contra estas estirpes resistentes de bactérias (Yang *et al.* 2012). O estudo relatou o desenvolvimento de novos medicamentos antibióticos a partir dos compostos de anis estrelado que estudaram. Yazdani *et al.* (2009) relataram a atividade antifúngica do anis estrelado seco *(Illicium verum* Hook. f.) contra fungos dermatófitos e saprófitos. O extrato de etanol bruto dos frutos de *Illicium verum* mostrou atividade antimicrobiana contra *Staphylococcus aureus* ATCC 25923, *Escherichia coli* ATCC2592, *Penicillium aeruginosa* ATCC27853, *Candida albicans* ATCC, que foi determinada por métodos de difusão em ágar. Os extractos brutos de hexano e de diclorometano mostraram atividade antibacteriana contra *S. aureus* ATCC25923. A CIM contra *C. albicans, A. flavus, e T. mentagrophytes* foi de 2500 g/ml, 2500 g/ml, e 625 g/ml. Khesorn *et al.* (2002) relataram que a atividade antimicrobiana do extrato do fruto se deve à presença da substância química - anetol.

(ii) Propriedades antioxidantes:

Os extractos de anis estrelado têm um potencial antioxidante muito bom. Yadav *et al.* (2007) relataram que os animais que foram alimentados com anis estrelado após a indução de carcinogénese exibiram significativamente menos evidência de desenvolvimento de cancro do que aqueles que não receberam anis estrelado. O principal componente do óleo essencial de *I. verum* foi identificado como trans-anetol (Singh *et al.*, 2006).

(iii) Atividade anti inseticida:

Verificou-se que o óleo essencial de *Illicium verum* é inseticida contra larvas do escaravelho da farinha de trigo e adultos de *Tribolium castaneum.* O óleo essencial causou toxicidade contra larvas e adultos de *T. castaneum* quando fumigado. As concentrações letais medianas (LC50) contra larvas foram 18,43gl e contra adultos foram 19,83gl. A concentração efectiva mediana (EC50) que reduziu a transformação de larvas e pupas para metade foi de 11,97 gl (Shukla *et al.,* 2009). As actividades insecticidas de materiais derivados do fruto do anis estrelado contra adultos de *Blattella germanica* foram examinadas através da aplicação por contacto direto e de métodos de fumigação (Kyu-sic chang *et al.*, 2002). Chouksey *et al.* (2010) observaram que o constituinte ativo dos frutos de *Illicium verum* era o fenilpropeno, E-enetol, que é responsável por esta atividade inseticida.

(v) Antiflu:

A gripe suína é uma doença respiratória causada por vírus da gripe que infecta o trato respiratório dos suínos, provocando secreção nasal, tosse tipo latido, diminuição do apetite e comportamento apático. A gripe suína é uma infeção causada por qualquer um dos vários tipos de vírus da gripe suína. O ácido chiquímico é utilizado para a síntese do potente medicamento antifúngico tamiflu (Chouksey *et al.,* 2010).

(vi) Outros benefícios para a saúde:

- O óleo essencial do fruto de *I. verum* e o trans-anethole tiveram um amplo espetro de atividade inibitória contra fungos patogénicos de plantas. (Huang *et al.,*2010).
- Tanto o óleo essencial do fruto como o trans-anetol de *I. verum* podem ser desenvolvidos como fungicidas naturais (ou seja, fumigantes) para o controlo de doenças das plantas na conservação de frutos e vegetais. (Huang *et al.*, 2010).

> O anis estrelado continua a ser um nutriente natural e um medicamento tradicional chinês que pode ser especialmente útil no combate às cólicas e ao reumatismo, possuindo também propriedades carminativas, estomacais, estimulantes e diuréticas (Claus *et al.,* 1965).

4. Tej Patta *(Cinnamomum tamala)*

Introdução

A Índia é o lar de sistemas tradicionais de medicina bem conhecidos que apoiam muitas das necessidades de cuidados de saúde das massas. As propriedades curativas das plantas medicinais são discutidas em textos antigos da Ayurveda. O sistema indígena de medicina, que inclui Ayurveda, Unani, Siddha, Homeopatia, Tibetano, etc., baseia-se quase inteiramente na utilização das plantas medicinais e dos seus derivados em bruto ou transformados para a prevenção e tratamento de várias doenças e perturbações. *A Cinnamomum tamala* Fr. Nees, pertencente à família *Lauraceae,* é também conhecida como Cássia indiana e as folhas são vulgarmente designadas por folhas de louro. *Lauraceae* é uma família economicamente importante, constituída principalmente por árvores ou arbustos semelhantes a árvores. O género *Cinnamomum* é representado por cerca de 350 espécies em todo o mundo. É nativo do Sudeste Asiático, de algumas ilhas do Pacífico e da Austrália, crescendo principalmente em florestas tropicais húmidas a altitudes variáveis.

Biologia de Tejpatta:

Também se cultiva *a Cinnamomum tamala*, uma árvore de folha perene que pode atingir 8 m de altura. O seu habitat natural é o Hmalayas tropical e subtropical, a altitudes de 900-2500 m. Devido ao seu aroma, as folhas são guardadas na roupa e também mastigadas para disfarçar o mau cheiro da boca. As suas folhas secas são utilizadas como um ingrediente comum da cozinha indiana. As folhas desta árvore têm um sabor semelhante ao do cravinho e um ligeiro odor a pimenta. É também utilizada no sistema indiano de medicina tradicional.

A Cinnamomum tamala é uma árvore perene de pequeno/médio porte. As suas folhas são mais curtas, glabras, opostas, coriáceas, ovadas ou oblongas, com caule curto. São de cor verde com uma nervura grande ao longo do comprimento da folha (placa II c,d). A floração e a frutificação ocorrem de fevereiro a outubro.

Classificação biológica da Tejpata:

Reino: *Plantae*

Divisão: *Magnoliophyta*

Classe: *Magnoliopsida*

Encomendar: *Laurales*

Família: *Lauraceae*

Género: *Cinnamomum*

Espécie: *tamala*

Nome binominal: *Cinnamomum tamala*

Composição química:

Quadro 2.5: Composição química da Tejpatta (http ://recipeclout.india-server.com/index.)

Nutrients	**Amount**
Basic Components	
Proteins	7.6 g
Water	5.4 g
Ash	3.6 g
Calories	
Total Calories	313
Calories From Carbohydrates	225
Calories From Fats	70
Calories From Proteins	19
Carbohydrates	
Total Carbohydrates	75 g
Dietary Fiber	26 g
Fats & Fatty Acids	
Total Fat	8.4 g
Saturated Fat	2.3 g
Monounsaturated Fat	1.6 g
Polyunsaturated Fat	2.3 g
Omega-3 Fatty Acids	1.1 g
Omega-6 Fatty Acids	1.2 g
Vitamins	
Vitamin A	6185 IU
Vitamin C	47 mg
Thiamin	9 mcg
Riboflavin	421 mcg
Niacin	2 mg

Vitamin B6	1.7 mg
Folate	180 mcg
Minerals	
Calcium	834 mg
Iron	43 mg
Magnesium	120 mg
Phosphorus	113 mg
Potassium	529 mg
Sodium	23 mg
Zinc	3.7 mg
Copper	416 mcg
Manganese	8.2 mg
Selenium	2.8 mcg

Utilizações do Tejpata

Cinnamomum tamala ou *Tej patta A canela* foi utilizada pela primeira vez pelas Índias e pelas Arábias como especiaria, chá, e depois prescrita como cura para doenças respiratórias, incluindo gripe, sinusite, asma e inflamação crónica da membrana mucosa. É utilizada principalmente para aromatizar alimentos e amplamente utilizada na preparação farmacêutica devido às suas propriedades hipoglicémicas, estimulantes e carminativas. As folhas das árvores utilizadas como especiaria têm um sabor semelhante ao do cravinho e um odor semelhante ao da pimenta. O óleo essencial das folhas de *cinnamomum* tem excelentes efeitos inibitórios sobre as bactérias. Existem numerosos estudos sobre a composição dos óleos essenciais de tejpatta, mas as oleorresinas de tej patta não são objeto de estudos tão vastos (Shah *et al.,* 2010).

As folhas e a casca têm qualidades aromáticas, adstringentes, estimulantes e carminativas e são utilizadas em reumatismo, cólicas, diarreia, náuseas e vómitos. A literatura antiga revela que, no século I, as folhas secas e a casca desta planta eram receitadas para a febre, a anemia e o odor corporal. As suas sementes eram esmagadas e misturadas com mel ou açúcar e administradas a crianças para a disenteria e a tosse (Chakraborty *et al.,* 2010). O óleo da folha de canela contém uma variedade de constituintes, incluindo o eugenolv e o
cinamaldeído, que é um irritante local das membranas mucosas e dérmicas (Chao *et al.,* 2005). É

útil no tratamento da gastrite, fadiga crónica, má circulação, reumatismo, diarreia, problemas menstruais e leucorreia.

Os principais constituintes dos óleos essenciais das folhas destas espécies contêm furanosesquiterpenóides como constituintes principais. A furanogermenona (59,5%) foi encontrada como o principal composto no óleo essencial das folhas, assim como o P-cariofileno (6,6%), sabineno (4,8%), germacreno D (4,6%) e curcumenol (2,3%). O óleo das folhas foi caracterizado por um elevado teor de sesquiterpenóides (96,8%), dominado principalmente por furanosesquiterpenóides (79,3%), nomeadamente furanodienona (46,6%), curzerenona (17,6%), furanodieno (1,8%) e curzereno (1,2%). *O Cinnamomum verum* contém aproximadamente 63% de cinamaldeído, 8% de limoneno, 7% de eugenol, 5,5% de cinamaldeído propileno e 1-2% de uma variedade de compostos terpenóides (a - pineno, canfeno), conforme medido por cromatografia gasosa/espetrometria de massa (Simic *et al.*, 2004).

(1) Utilizações culinárias:

As folhas de Tejpat são muito utilizadas no Norte da Índia como especiaria para aromatizar refeições, salsichas e molhos. As folhas também são utilizadas como especiaria para aromatizar alimentos (Reema *et al.,* 2005).

(2) Benefícios para a saúde:

(i) Atividade antidiabética:

O metanol e o extrato sucessivo de água da casca de *Cinnamomum tamala* foram analisados utilizando o ensaio de inibição da a-amilase para a atividade antidiabética. Os valores de inibição percentual da casca de *Cinnamomum tamala* foram de 97,49% e 93,78%, respetivamente. Do mesmo modo, os valores IC50 do metanol e do extrato sucessivo de água do *Cinnamomum tamala* foram 1,80 e 5,53, respetivamente. O extrato de metanol mostrou uma atividade mais potente do que o extrato de água sucessivo de *Cinnamomum tamala* (Roux *et al.,* 1998). *A Cinnamomum tamala* tem uma atividade antidiabética potente (Kumanan *et al.,* 2010; Chakraborty e Das; 2010).

Tej Patta ajuda a regular os níveis de açúcar no sangue. Os compostos presentes nas folhas de louro facilitam o processamento rápido da insulina, evitando assim picos nos níveis de açúcar no sangue (http://recipeclout.mdia- server.com/index.html).

(ii) Atividade antimicrobiana:

Verificou-se que o óleo volátil era 100% ativo contra *Fusarium moniliforme, Aspergillus niger, A.*

oryzae e *A. solani* mas não para *A. awamori* no método de placa de patri invertida, embora o método de intoxicação alimentar tenha revelado 100% de atividade para *A. niger* e *Fusarium moniliforme* na dose de 6ul. Verificou-se que é altamente eficaz no controlo do crescimento de *A. flavus, A. solani* e *A. oryzae* (Vardar *et al.*, 2003).

Os extractos da casca do caule de *Cinnamomum tamala* revelaram uma boa atividade antibacteriana. Algumas investigações anteriores efectuadas noutras espécies de *Cinnamomum* também estavam em concordância com os nossos resultados (Palmer *et al.*, 1998). Os extractos da casca do caule de *Cinnamomum tamala* foram avaliados quanto ao potencial antibacteriano in vitro através do ensaio de difusão em ágar. O óleo essencial da casca de *Cinnamomum* zeylanicum mostrou atividade antimicrobiana in vitro contra vários microrganismos (Prabuseenivasan *et al.*, 2006). Pandey *et al*, (2010) estudaram as propriedades antifúngicas da Tejpatta no Norte da Índia. Possui agentes anti-espasmódicos, antifúngicos, antibacterianos e carminativos (Begum *et al.*, 2013).

(iii) Atividade antioxidante:

O óleo *de Cinnamomum* tem uma atividade antioxidante muito boa (Osawa *et al.*, 1983 e Miller *et al.*, 1997). Chakraborty & Das, (2010) também mostraram o potencial antioxidante do extrato de folhas de tejpatta.

(iv) Atividade anti-úlcera:

O extrato hidroalcoólico das folhas de *Cinnamomum tamala* foi capaz de proteger a mucosa gástrica de úlceras induzidas por produtos químicos, stress e física e inibe a secreção de ácido gástrico, provavelmente bloqueando a ação da H+ K+- ATPase e oferecendo proteção antioxidante contra os danos gástricos induzidos pelo stress oxidativo. Os resultados deste estudo experimental podem levar a um maior isolamento e à atividade farmacológica de novos compostos terapêuticos eficazes contra a úlcera (Lima *et al.*, 2010).

(v) Problemas respiratórios:

O Tej Patta, quando aplicado no peito sob a forma de compressa de folhas, proporciona um grande alívio para problemas respiratórios e torácicos, tais como tosse, gripe, bronquite e infecções torácicas. Além disso, também ajuda a induzir o suor e a reduzir a febre (http://recipeclout.india-server.com/index.html).

(vii) Outros benefícios medicinais

> O Tej Patta ajuda muito na indigestão. É utilizado como um remédio natural numa vasta gama de perturbações digestivas. Não só ajuda a acalmar o estômago, mas também reduz a gravidade dos problemas, como a doença celíaca ou a síndrome do intestino irritável. Reduz eficazmente a flatulência e outros problemas relacionados com gases. Contém enzimas que decompõem as proteínas e ajudam a digerir os pratos de carne (Thakur *et al.*, 2007).

> É principalmente utilizado para aromatizar alimentos e amplamente utilizado na preparação farmacêutica devido às suas propriedades hipoglicémicas, estimulantes e carminativas (Shah *et al.*, 2010).

> O Tej Patta contém os fitonutrientes ácido cafeico e rutina, bem como salicilatos. Estes fitonutrientes protegem o coração e reduzem o risco de acidentes vasculares cerebrais e de ataques cardíacos (http://recipeclout.mdia- server. com/index .html).

> Os vários fitonutrientes, o ácido cafeico, as catequinas, o eugenol, o partenolídeo e a quercetina, presentes nas folhas de louro, ajudam a proteger o organismo de muitos tipos diferentes de cancro (http://recipeclout.india-server.com/index.html).

> O óleo isolado das folhas de *C. tamala*, conhecido como óleo *de Tejpatta*, é utilizado medicinalmente como carminativo, antiflatulento, diurético e tem sido reportado como tendo atividade antibacteriana e hipoglicémica (Devi *et al.,2007)*.

3. Utilizações diversas:

> Tej Patta contém Parthenolide, um fitonutriente que tem propriedades anti-inflamatórias. Como tal, massajar com óleo essencial de louro ajuda a aliviar dores articulares e musculares, incluindo dores de artrite (http://recipeclout.india- server.com/index.html).

> O Tej Patta é uma boa fonte de Linalol, um composto que também se encontra em ervas, como o tomilho e o manjericão. Este composto é utilizado há muito tempo como uma fragrância relaxante na aromaterapia. Estudos revelam que este aroma calmante tem efeitos protectores no sistema imunitário, protegendo o corpo dos efeitos negativos do stress (http://recipeclout.mdia- server.com/index.html).

Colheita das folhas de Cinnamomum:

As folhas de *Cinnamomum tamala* são de importância comercial. Para além das folhas, a casca da espécie também tem valor medicinal. Tanto as folhas como a casca eram colhidas uma vez por ano. Os padrões de colheita das folhas são os seguintes: primeiro colhidas à mão, depois secas e, por fim, armazenadas. As folhas secas podem mesmo ser compradas aos comerciantes locais da aldeia. Por conseguinte, o ponto principal é que o corte completo das folhas é efectuado uma vez por ano

(Krishnamurthy, 1996). As folhas de Tejpatta devem ser cortadas judiciosamente, evitando danos às árvores, e a política de rotação da extração destas espécies deve ser implementada na letra e no espírito.

O período de recolha das folhas foi de outubro a fevereiro para todos os agricultores. Toda a folhagem foi colhida de uma só vez. A recolha das folhas é feita principalmente durante o período de inverno, ou seja, de dezembro a março, porque o teor mais elevado de óleo essencial presente nas folhas é encontrado durante este período. As folhas também atingem o tamanho máximo durante este período.

Todo o processo de colheita das folhas foi mencionado da seguinte forma:

(i) **Desfolhamento**: As folhas são colhidas manualmente, cortando os ramos e arrancando-os um a um.

(ii) **Secagem:** Após a recolha, as folhas *de Cinnamomum tamala* são parcialmente secas nos locais de armazenamento durante diferentes períodos de tempo, isto é, de 20 a 48 horas, em condições naturais. A secagem é efectuada para reduzir o teor de humidade das folhas. A secagem prolongada é evitada para que os óleos essenciais voláteis não se evaporem.

(iii) **Limpeza/classificação:** Após a secagem, as folhas de tejpetta são limpas e os materiais indesejáveis, como galhos, cascas e folhas podres, são retirados.

(iv) **Classificação:** Não é efectuada qualquer classificação, uma vez que o material é transportado e comercializado como tal.

(v) **Armazenamento e transporte:** As folhas de cinnamomum recolhidas nas florestas são transportadas manualmente pela população local para os locais de armazenamento da aldeia. As folhas de tejpetta são colocadas em sacos de artilharia. O material recolhido é armazenado nas casas dos contratantes/comerciantes ou em armazéns temporários até ser transportado.

Problemas e necessidades existentes em Tejpata:

A falta de conhecimentos científicos sobre o cultivo e a colheita do Tejpat era o principal problema. Não havia oportunidades de formação para os agricultores nas aldeias. Outros problemas comuns incluíam: doenças das folhas, problemas de armazenamento dos produtos colhidos, inexistência de mercados regulares ou sistemáticos, dependência e monopólio dos comerciantes e inexistência de mercados nas proximidades. Outros estrangulamentos foram o baixo preço, a ausência de instalações de transformação, tratamento e transporte, e a ineficácia dos custos. Para o armazenamento, era necessário um local quente e seco com ventilação limitada e sacos de juta. Há necessidade de formação para os agricultores sobre o tratamento de doenças, alta produtividade, informação sobre processamento, estrutura de mercado, etc. Do mesmo modo, as visitas de observação, as formações e outras actividades de extensão são igualmente importantes para a introdução de sistemas de gestão científica. A disponibilização de instrumentos de colheita modernos, a existência de mercados nas proximidades, sementes, fertilizantes e tratamentos, bem como um sistema adequado de fixação de preços dos produtos sem monopólios, podem ser algumas das medidas para resolver os problemas. Por conseguinte, há que ter em conta todos os aspectos da colheita e da utilização da cultura (Krishnamurthy, 1996).

Reconhecendo que a procura comercial pode causar a colheita excessiva das folhas da natureza, as plantas medicinais, os intervenientes ligados, que incluem o governo, a indústria, o meio académico, as comunidades locais e a organização ambiental, devem procurar criar estratégias para a gestão sustentável das espécies vegetais. Chauhan, (1996) discutiu alguns dos pontos estratégicos sobre os quais existe um cultivo sustentável destas espécies de plantas selvagens, como se segue:

- As folhas de Tejpatta devem ser colhidas apenas nas árvores maduras e não deve haver danos na copa das árvores durante o corte.
- A domesticação destas espécies deve ser incentivada. Isto pode ser feito através da promoção da procura de cultivo e propagação à escala comercial. O agricultor deve ser sensibilizado e formado para o cultivo destas espécies e devem ser promovidos incentivos baseados no mercado para o consumo do produto.

PLACA I

a) Kokum tree

b) Kokum fruit

c) Oregano tree

d) Dry oregano

PLACA II

a) Star Anise tree

b) Star Anise fruits and seeds

c) Bay Leaf tree

d) Bay Leaf leaves

Introdução

Desde os tempos pré-históricos, as plantas têm sido utilizadas como uma fonte potente de tratamento para várias doenças. A procura de medicamentos à base de plantas tem aumentado devido à sua origem natural e aos seus efeitos secundários mais reduzidos. No cenário atual, várias plantas e as suas partes têm sido exploradas para este fim. O valor medicinal destas plantas tem sido atribuído à presença de algumas substâncias químicas (compostos vegetais bioactivos não nutrientes) que produzem uma ação fisiológica definida no corpo humano (Edeoga *et al.*, 2005). Estas substâncias químicas são designadas por **fitoquímicos** (Sood *et al.*, 2012). A palavra "*phyto*" é uma palavra grega que significa planta. A sua função é conferir odor à planta (terpenóides), pigmentação (taninos e quininas), sabor (capsacina) (Mallikharjuna *et al.*, 2007). Ajudam também no mecanismo de defesa natural das plantas. Estes compostos bioactivos são responsáveis pela atividade antimicrobiana dos extractos de plantas *in vitro*.

Alguns exemplos comuns de fitoquímicos são os flavonóides, os alcalóides, as saponinas, os glicosídeos, os terpenóides, os taninos, os esteróis e os hidratos de carbono (Sood *et al.*, 2012). A análise qualitativa e quantitativa dos fitoquímicos atraiu a atenção dos cientistas devido ao desenvolvimento de técnicas novas e sofisticadas. Estas técnicas desempenharam um papel significativo na solução de problemas sistemáticos, por um lado, e na procura de recursos adicionais de matérias-primas para a indústria farmacêutica, por outro. As plantas sintetizam uma grande variedade de compostos químicos, que podem ser classificados pela sua classe química, origem biossintética e grupos funcionais em metabolitos primários e secundários. Com o desenvolvimento da química dos produtos naturais, o potencial da quimiotaxonomia está a tornar-se cada vez mais óbvio. A aplicação de dados químicos à sistemática tem sido objeto de grande atenção por parte de um grande número de bioquímicos e botânicos durante as últimas três décadas (Santosh *et al.*, 2007).

Revisão da literatura

A Organização Mundial de Saúde afirma que as plantas medicinais seriam a melhor fonte para obter uma variedade de medicamentos (Thite *et al.*, 2013). Os medicamentos de origem vegetal são seguros, menos dispendiosos, facilmente disponíveis, eficientes e raramente têm efeitos secundários. Foi documentado que várias espécies de plantas dotadas destes fitoquímicos servem como potentes agentes antimicrobianos contra vários microrganismos patogénicos (Misra *et al.*,

2011). Os medicamentos à base de plantas e de plantas estão a ganhar importância de dia para dia. Tem sido efectuada muita investigação sobre os fitoquímicos.

Os taninos são polifenóis solúveis em água presentes em muitas plantas que se ligam e precipitam as proteínas. Embora os alimentos ricos em taninos sejam considerados de baixo valor nutricional, as suas actividades anti-carcinogénicas e antimicrobianas estão também bem documentadas. Os taninos também exercem outros efeitos fisiológicos, tais como acelerar a coagulação sanguínea, reduzir a pressão sanguínea, diminuir o nível de lípidos no soro, produzir necrose hepática e modular as respostas imunitárias (Chung *et al.*, 1998).

As saponinas são compostos glicosídicos presentes em muitas plantas. São anfifílicos por natureza e, por conseguinte, altamente activos à superfície. Embora as propriedades toxicológicas das saponinas vegetais tenham sido reconhecidas há muito tempo, existe um interesse renovado nestes componentes vegetais biologicamente activos, porque provas recentes sugerem que as saponinas possuem propriedades hipocolesterolémicas, anticancerígenas e imunoestimuladoras (Rao e Sung, 1995).

Os alcalóides são uma classe de bases azotadas de ocorrência natural. Têm efeitos fisiológicos diversos e importantes no ser humano e noutros animais. Os alcalóides mais conhecidos incluem a morfina, a estricnina, o quinino, a efedrina e a nicotina. As propriedades medicinais dos alcalóides são muito diversas. A morfina é um narcótico potente; a codeína é um excelente analgésico. Certos alcalóides actuam como estimulantes cardíacos ou respiratórios. Muitos possuem propriedades anestésicas locais (Anónimo, 2013).

Os compostos polifenólicos têm uma elevada atividade antioxidante devido à reatividade do anel fenol. São classificados em diferentes classes, consoante o número de anéis de fenol. Os principais grupos são os flavonóides, os ácidos fenólicos, os álcoois fenólicos, os estilbenos e os lignanos (Tahira *et al.,* 2011). Sabe-se que desempenham um papel na prevenção de várias doenças associadas ao stress oxidativo, como o cancro e as doenças cardiovasculares e neurodegenerativas (Manach *et al.*, 2004).

Os glicosídeos são os compostos orgânicos de origem vegetal ou animal que, após hidrólise, dão origem a uma ou mais fracções de açúcar juntamente com uma fração não açucarada. Os glicosídeos exercem efeitos terapêuticos significativos nos seres humanos e nos animais. Muitos glicosídeos são utilizados na medicina tradicional e moderna devido às suas acções cardiotónicas, purgativas, analgésicas, anti-reumáticas, demulcentes e outras acções úteis (Kokate *et al.*, 2009).

Os terpenóides são uma classe grande e diversificada de substâncias químicas orgânicas naturais semelhantes aos terpenos. Desempenham várias funções importantes nas plantas e nos seres humanos. Os monoterpenos e os diterpenos, que são os principais componentes dos óleos essenciais, actuam como agentes alelopáticos, atractivos nas interações planta-planta ou planta-patógeno/herbívoro ou repelentes. Para além disso, acredita-se que a sua capacidade antioxidante é responsável pelas propriedades promotoras de saúde dos frutos e vegetais (Grassman, 2005).

Os esteróides são compostos orgânicos naturais presentes nas plantas e nos animais e desempenham um papel importante nos processos biológicos, como o crescimento e o desenvolvimento, a divisão celular e a resistência aos danos causados pelo stress ambiental.

Os flavonóides são compostos polifenólicos que se encontram omnipresentes nos alimentos de origem vegetal. Até à data, foram descritos mais de 4000 flavonóides diferentes. Podem ter efeitos benéficos para a saúde devido às suas propriedades antioxidantes e ao seu papel inibidor em várias fases do desenvolvimento de tumores em estudos com animais (Hollman e Katan, 1999). Estudos *in vitro* mostraram que também possuem actividades antialérgicas, anti-inflamatórias, antimicrobianas, anticancerígenas e antidiarreicas.

Os valores medicinais e os benefícios para a saúde das folhas das plantas podem estar relacionados com os seus fitoquímicos constituintes (Varadarajan *et al.*, 2008). Os metabolitos secundários (fitoquímicos) e outros constituintes químicos das plantas são responsáveis pelo seu valor medicinal. Por exemplo, as saponinas são glicosídeos de triterpenos e esteróides com propriedades hipotensivas e cardiodepressoras (Olaleye, 2007), enquanto as antraquinonas possuem efeitos adstringentes, purgativos, anti-inflamatórios, antitumorais moderados e bactericidas (Muzychkina, 1998). Os glicosídeos cardíacos são fármacos naturalmente cardioactivos utilizados no tratamento da insuficiência cardíaca congestiva e da arritmia cardíaca (Brian *et al.*, 1985). Assim, os fitoquímicos desempenham um papel fundamental no potencial nutracêutico das plantas.

Material e métodos

Preparação do extrato

As especiarias frescas e secas foram recolhidas no mercado INA, Nova Deli, Índia. As amostras foram moídas até à forma de pó. 10 gramas da amostra moída foram misturados com seis vezes de etanol e mantidos durante 24 horas. O processo foi repetido três vezes e o sobrenadante foi recolhido e filtrado com um papel de filtro Whatmann n.º 4. O solvente do extrato foi então evaporado sob pressão reduzida utilizando um evaporador de vácuo rotativo (Song *et al.*, 2010). O extrato de especiarias foi preparado utilizando um solvente de qualidade laboratorial (metanol).

Rastreio fitoquímico

Material necessário:

- Cloreto férrico
- Hidróxido de sódio
- Ácido acético glacial
- Ácido sulfúrico (concentrado)
- Anidrido acético
- Solução de Fehling A e B
- Dicromato de potássio
- Ácido clorídrico (diluído)
- Óxido nítrico (concentrado)
- Iodeto mercúrico de potássio
- Clorofórmio
- Solução de amoníaco 10 %
- Alcalino
- Água destilada

Procedimento:

O rastreio fitoquímico qualitativo foi efectuado para identificação química preliminar com reagentes preparados de fresco. Os testes preliminares para extractos de etanol foram realizados para confirmar a presença de alcalóides, antraquinonas, antocianinas, hidratos de carbono, flavonóides, glicosídeos, fenóis, proteínas e aminoácidos, saponinas, esteróides, taninos e terpenóides (Quadro 3.1).

Tabela 3.1: Testes fitoquímicos para extractos de especiarias

Sr. No	Phytochemical	Test	Observation	Inference
1.	**Alkaloids**	**Mayer's Test** Extract dissolved in dilute HCl and filtered. Filtrates were treated with Mayer's reagent (Potassium mercuric iodide) (Evan, 1997).	Formation of yellow / creamy colored precipitate	Preliminary evidence for presence of alkaloids.
2.	**Anthraquinones**	About 0.5 g of extract was taken in a dry test tube and 5 ml of chloroform was added and shaken for 5 min. The extract was filtered and the filtrate shaken with equal volume of 10% of ammonia solution.	A pink violet or red color in the ammonical layer.	presence of anthraquinones
3.	**Anthocyanins**	**Sodium Hydroxide Test:** To 2ml of plant extract, 1ml of 2N sodium hydroxide was added and heated for 5minutes at 100°C.	Formation of bluish green colour	indicates the presence of anthocyanins
4.	**Carbohydrates**	**Fehling's Test** Extracts dissolved in 5 ml distilled water and filtered. Filtrates were hydrolysed with dil HCl, neutralized with alkali and heated with Fehling's A and B.	Formation of red precipitate	Indicates the presence of reducing sugars.
5.	**Flavonoids**	**Sulphuric Acid Test:** A fraction of the extract was treated with concentrated sulphuric acid and observed for the To methanol extract, 10% sodium hydroxide was added followed by addition of dilute HCl (Bello *et al.*, 2011).	Formation of orange colour Colour change from yellow to colourless	Presence of flavonoids
6.	**Glycosides**	**Keller – Killani test**: Extract treated with 2 ml glacial acetic acid containing a drop of ferric chloride solution. This was under layered with 1 ml of concentrated sulphuric acid (Seniya *et al.*, 2011)	Brown ring at the interface	Presence of de-oxy sugars
7.	**Phenols**	**Ferric chloride test:**	Formation of bluish-	Indicates

		Extracts treated with 3-4 drops of ferric chloride solution.	black colour	the presence of phenols
8.	**Proteins and amino acids**	**Xanthoproteic test:** Extracts were treated with few drops of concentrated Nitric acid. Neutralization with alkali.	Occurrence of yellow colour	Presence of proteins
9.	**Saponin**	**Froth test:** Extracts diluted to 20 ml with distilled water and shaken in a conical flask for 15 minutes (Kokate. 1999).	Formation of foam	Presence of Saponin
10.	**Steroids**	To 1 ml of methanol extract. 2 ml of chloroform and 2-3 ml of acetic anhydride were added.	Dark green coloration	Presence of steroids.
11.	**Tannins**	**Ferric Chloride Test:** To 1ml of plant extract, 2ml of 5% ferric chloride was added (Thandani and Subhash, 2006).	Formation of dark blue or greenish	presence of tannins
12.	**Terpenoids**	1-2 drops of concentrated sulphuric acid were added carefully along the sides of the test tube.	Pink or red coloration of the solution	Presence of terpenoids.

Resultados e discussões

A Tabela 3.2 mostra os resultados da análise fitoquímica de quatro extractos de especiarias, como se segue:

i) **Kokum:** Mostra a presença de todos os fitoquímicos. A kokum é rica principalmente em antocianinas e terpenóides.

ii) **Orégãos:** Os orégãos são ricos em hidratos de carbono, flavonóides, esteróis, taninos e terpenóides. Enquanto que as saponinas estão ausentes nos orégãos.

iii) **Anis estrelado:** O anis estrelado é rico em antocianinas, hidratos de carbono e terpenóides. E as saponinas estão ausentes no Anis Estrelado.

iv) Folha de louro: As folhas de louro são ricas em hidratos de carbono, taninos e terenóides, e as saponinas estão ausentes.

Tabela 3.2: Rastreio qualitativo de fitoquímicos em extractos de especiarias.

SNo.	Phtochemicals	Kokum (Dry Fruit)	Oregano (Dry leaf)	Star Anise (Dry Fruit)	Bay Leaf (Dry leaf)
1.	Alkaloids	+	+	+	+
2.	Anthraquinones	+	+	+	+
3.	Anthocyanins	+ +	+	+ +	+
4.	Carbohydrates	+	+ +	+ +	+ +
5.	Flavonoids	+	+ +	+	+
6.	Glycosides	+	+	+	+
7.	Phenols	+	+	+	+
8.	Proteins & Amino Acids	+	+	+	+
9.	Saponins	+	-	-	-
10.	Sterols	+	+ +	+	+
11.	Tannins	+	+ +	+	+ +
12.	Terpenoids	+ +	+ +	+ +	+ +

"+" : Indica a presença de fitoquímicos

"++" : Mostra a presença de fitoquímicos em abundância

"-" : Indica a ausência de fitoquímicos

Introdução

Os compostos fenólicos das plantas fornecem uma série de fontes naturais de antioxidantes para utilização em alimentos e nutracêuticos. Entre os antioxidantes naturais disponíveis no mercado, as especiarias e os seus extractos têm sido cada vez mais utilizados em diferentes formulações. Uma vez que as fontes naturais contêm uma variedade de compostos fenólicos com atividade antioxidante variável e exercem os seus efeitos através de mecanismos diferentes, a sua eficácia em óleos a granel, emulsões e alimentos compostos pode ser maior do que a dos compostos individuais. Além disso, para além das suas vantagens em termos de segurança, os fenólicos alimentares podem aumentar a fonte de antioxidantes naturais do organismo (Shahidi, 1992).

Revisão da literatura

É bem aceite que as plantas e os produtos vegetais são a fonte mais rica de antioxidantes. Os ácidos fenólicos presentes nas plantas, principalmente sob a forma de conjugados com açúcares, ácidos gordos ou proteínas, actuam como antioxidantes naturais eficazes (Shahidi & Wanasundara, 1997; Wyen *et al.,* 2000). Os fenólicos vegetais têm múltiplas funções biológicas, tais como actividades antioxidantes, anti-inflamatórias, anticancerígenas e antimicrobianas (John & Grohmann, 2001). Tendo em conta os efeitos benéficos e o papel vital que os antioxidantes naturais podem desempenhar na saúde humana, existe atualmente uma maior procura para o seu isolamento de cada vez mais plantas e materiais de resíduos agrícolas utilizando algumas técnicas de extração eficazes (Anwar *et al.,* 2010).

Existem dois tipos básicos de fenóis: os fenóis simples e os polifenóis. Os polifenóis desempenham papéis muito mais importantes do que os que fornecem A estrutura básica dos polifenóis é composta por um ou mais anéis fenólicos que são substituídos por vários grupos hidroxilo e que estão relacionados com a sua forte atividade antioxidante. Esta atividade antioxidante dos polifenóis deve-se principalmente às suas propriedades redox, que lhes permitem atuar como agentes redutores, dadores de hidrogénio, supressores do oxigénio singlete e quelantes de metais (Rice-Evans *et al.,* 1997). Os polifenóis são classificados em diferentes classes, consoante o número de anéis fenólicos. Os principais grupos são os flavonóides, os ácidos fenólicos, os álcoois fenólicos, os estilbenos e os lignanos.

Os compostos fenólicos têm a capacidade de retardar a oxidação lipídica nos alimentos e nas membranas biológicas, para além da sua propensão para atuar como agente profilático (Farombi *et al.*, 2000). A quantidade de compostos fenólicos presentes nas plantas é influenciada pelo genótipo, método de armazenamento e condições ambientais. Assim, é importante determinar o nível destes compostos presentes na planta após diferentes tratamentos térmicos.

Materiais e métodos

Produtos químicos utilizados: Os produtos químicos e reagentes utilizados para a determinação do teor de fenólicos totais foram preparados de fresco. O metanol, o ácido gálico e o reagente de Folin-ciocaltue eram da Merck Co. (Alemanha). Todos os produtos químicos e reagentes utilizados eram de qualidade analítica.

Preparação do extrato

As especiarias frescas e secas foram recolhidas no mercado INA de Deli, na Índia. As amostras foram moídas até à forma de pó. 10 gramas da amostra moída foram misturados com seis vezes de etanol e mantidos durante 24 horas. O processo foi repetido três vezes e o sobrenadante foi recolhido e filtrado com um papel de filtro Whatmann n.º 4. O solvente do extrato foi então evaporado sob pressão reduzida utilizando um evaporador de vácuo rotativo (Buchi Rotary Evaporator, modelo R- 124) (Song *et al.*, 2010). O extrato de especiarias foi preparado utilizando um solvente de qualidade laboratorial (metanol).

Estimativa do teor de fenólicos totais

O conteúdo fenólico total no extrato aquoso e metanólico de sementes de plantas foi estimado pelo reagente Folin-Ciocalteau (Singleton & Rossi 1965; Amin e Thakur, 2014; Thakur e Lakhanpal, 2014). A solução-mãe de ácido gálico (1000pg/ml) foi preparada dissolvendo 100mg de ácido gálico em 100ml de etanol. Foram preparadas várias diluições de ácido gálico padrão a partir desta solução de reserva. O reagente de Folin-Ciocalteau foi preparado misturando o reagente de Folin com o reagente de fenol (1:1) e diluído 1:1 em água destilada, antes de ser utilizado.

A curva de calibração [Fig. 4(a)] foi traçada misturando alíquotas de 1 ml de soluções de ácido gálico de 1,0, 2,5, 5,0, 10, 25, 50 e 100pg/ml com 5,0 ml de reagente de Folin-Ciocalteu (diluído dez vezes) e 4,0 ml de solução de carbonato de sódio (75g/l). A absorvância foi medida após 30 minutos a 20°C a 765 nm. Um ml de extrato aquoso e de metanol (1,0 g/100 ml) foi misturado separadamente, com os mesmos reagentes utilizados na construção da curva de calibração e, após 1 hora, a absorvância foi medida para a determinação do composto fenólico total em ambos os extractos separadamente, utilizando a fórmula;

C=C1 x V/m.

Onde,

C= Teor total de compostos fenólicos em mg/g, em GAE (equivalente de ácido gálico);

C1= Concentração de ácido gálico estabelecida a partir da curva de calibração em mg/ml;

V= Volume do extrato em ml;

M= Peso do extrato da planta em g,

Resultado e discussão:

A quantidade de fenóis totais foi determinada com o reagente de Folin-Ciocalteu. O ácido gálico foi utilizado como composto padrão. Determinou-se a absorvância de várias diluições de ácido gálico com o reagente de Folin-Ciocalteu e carbonato de sódio.

A equação da curva padrão encontrada foi;

$$y = 0{,}0106\ x + 0{,}041$$

$$R^2 = 0{,}996$$

Foi determinada a absorvância do extrato de etanol de Kokum, orégãos, anis estrelado e folha de louro. Os resultados são apresentados na tabela 4.1. Foi traçado um gráfico comparativo que indica o conteúdo fenólico total entre as quatro especiarias, apresentado na Fig. 4(b), Tabela 4.2.

De acordo com os resultados, o conteúdo fenólico total máximo é de Anis estrelado- 195,10 mg de ácido gálico/gm de peso; seguido de Kokum- 194,31 mg de ácido gálico/gm de peso, Oregano- 148,63 mg de ácido gálico/gm de peso e Folha de louro- 146,76 mg de ácido gálico/gm de peso.

Anis estrelado > Kokkum > Orégãos > Louro

Tabela 4.1: Absorvância registada para a curva padrão de ácido gálico a 765nm

S.No.	Concentration of Standard Gallic Acid (µg/ml)	Absorbance (O.D)
1	100	1.124±0.023
2	50	0.542±0.112
3	25	0.289±0.013
4	10	0.149±0.030
5	5	0.113±0.021
6	2.5	0.101±0.011
7	1	0.029±0.002

(± SEM, cada valor na tabela foi obtido calculando a média de três valores experimentais)

Quadro 4.2: Teor fenólico total dos extractos de especiarias

Spice Name	Absorbance at 765 nm	Total phenolic content (mg Gallic acid/gram weight)
Kokum	1.286 ± 0.0012	194.31
Bay Leaf	0.981 ± 0.00057	146.76
Star Anise	1.294 ± 0.0012	195.10
Oregano	0.993 ± 0.00057	148.63

(± SEM, cada valor na tabela foi obtido calculando a média de três valores experimentais)

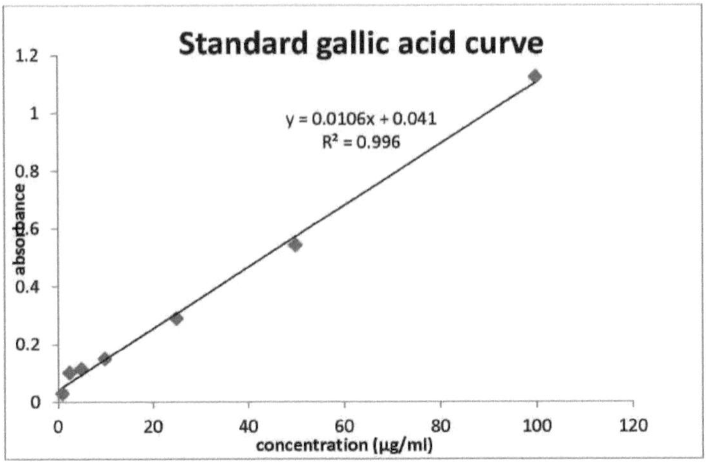

Fig. 4 (a) Curva padrão de ácido gálico

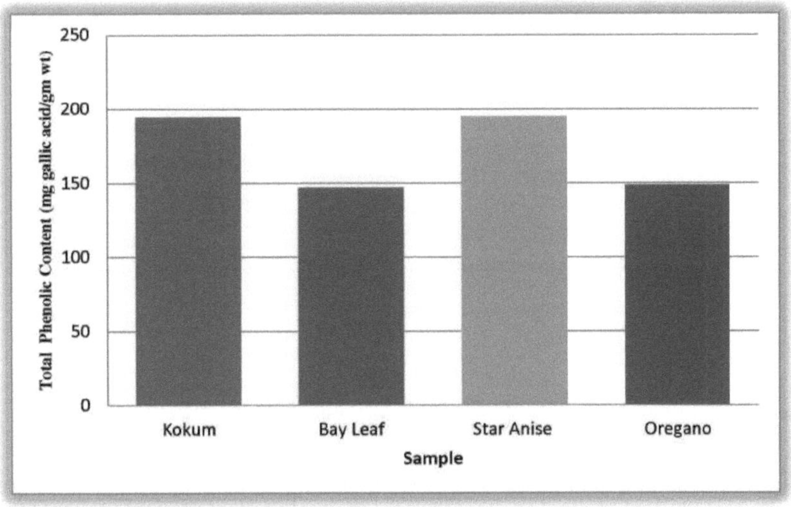

Fig. 4 (b) Gráfico de comparação indicando o conteúdo fenólico total (mg/g) entre os extractos de especiarias

PLACA III

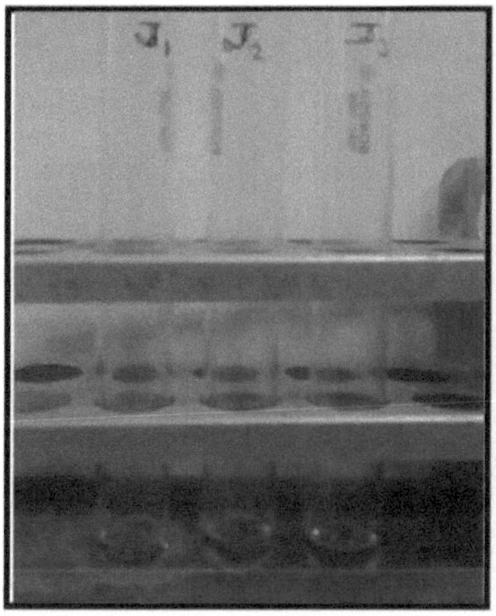

(a)

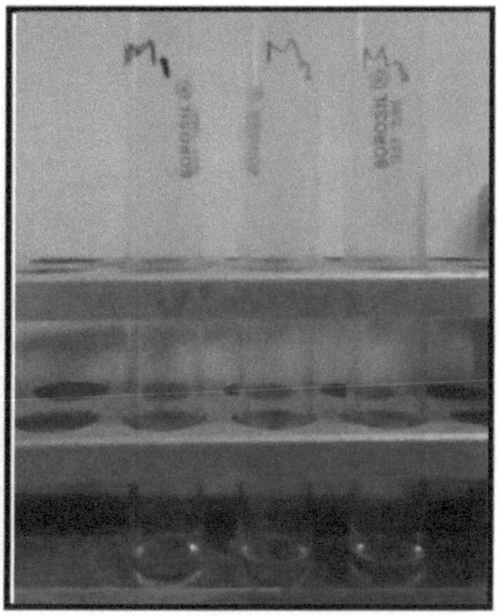

(b)

(c)

(d)

Extractos fenólicos totais: (a) Kokum; (b) Orégãos; (c) Anis estrelado; (d) Folhas de louro

Introdução

Os compostos antioxidantes presentes nos alimentos desempenham um papel importante como fator de proteção da saúde. As provas científicas sugerem que os antioxidantes reduzem o risco de doenças crónicas, incluindo o cancro e as doenças cardíacas. As principais fontes de antioxidantes naturais são os cereais integrais, os frutos e os legumes. Os antioxidantes alimentares de origem vegetal, como a vitamina C, a vitamina E, os carotenos, os ácidos fenólicos, o fitato e os fitoestrogénios, foram reconhecidos como tendo o potencial de reduzir o risco de doença. A maioria dos compostos antioxidantes presentes num regime alimentar típico provém de fontes vegetais e pertencem a várias classes de compostos com uma grande variedade de propriedades físicas e químicas. Alguns compostos, como os galatos, têm uma forte atividade antioxidante, enquanto outros, como os monofenóis, são antioxidantes fracos.

A principal caraterística de um antioxidante é a sua capacidade de capturar os radicais livres. Os radicais livres altamente reactivos e as espécies de oxigénio estão presentes nos sistemas biológicos a partir de uma grande variedade de fontes. Estes radicais livres podem oxidar os ácidos nucleicos, as proteínas, os lípidos ou o ADN e podem dar origem a doenças degenerativas. Os compostos antioxidantes, como os ácidos fenólicos, os polifenóis e os flavonóides, eliminam os radicais livres, como o peróxido, o hidroperóxido ou o peroxil lipídico, inibindo assim os mecanismos oxidativos que conduzem às doenças degenerativas. Existem vários estudos clínicos que sugerem que os antioxidantes presentes nas frutas, legumes, chá e vinho tinto são os principais factores para a eficácia observada destes alimentos na redução da incidência de doenças crónicas, incluindo doenças cardíacas e alguns tipos de cancro. A atividade de eliminação de radicais livres dos antioxidantes presentes nos alimentos tem sido substancialmente investigada e relatada (Miller e Rigelhof, 2000).

Os antioxidantes são os compostos que inibem ou retardam a oxidação das moléculas, inibindo o início ou a propagação da reação oxidante em cadeia (Velioglu *et al.,* 1998; Shahidi & Ho, 2005; Badarinath *et al.,* 2010). Muitos antioxidantes naturais estão presentes em materiais vegetais em combinações que envolvem um número de compostos diferentes (Kosinska & Karamac, 2006). Dependendo do tipo e da fonte do material utilizado, o modo de ação dos antioxidantes naturais envolve múltiplos mecanismos de ação (Shahidi, 2000). Os fenólicos presentes nas sementes protegem contra os radicais livres nocivos e são conhecidos por reduzir o risco de certos tipos de doenças, como o cancro, as doenças coronárias, as doenças cardiovasculares, o acidente vascular cerebral, a aterosclerose, a osteoporose, a inflamação e outras doenças neurodegenerativas associadas ao stress oxidativo (Hertog *et al.*, 1993; Ness & Powles, 1997; Joseph *et al.*, 1999; Mazza *et al.*, 1999; Surh, 2003). Acredita-se que o consumo regular de antioxidantes alimentares pode reduzir o risco de várias doenças graves.

A adição de antioxidantes sintéticos (butil-hidroxianisol, BHA) e butil-hidrozitolueno em alimentos lipídicos é muitas vezes limitada devido à sua segurança e carcinogenicidade. Por outro lado, a utilização de compostos à base de plantas em alimentos e medicamentos preventivos está a ganhar um grande interesse devido aos seus potenciais benefícios para a saúde (Ghiselli *et al.*, 2000; Hussain *et al.*, 2008). No presente estudo, o potencial antioxidante de diferentes extractos foi avaliado pelo método DPPH utilizando o ácido ascórbico como padrão.

Revisão da literatura

Os antioxidantes naturais presentes nas plantas eliminam os radicais livres nocivos do nosso corpo. O radical livre é qualquer espécie capaz de existência independente que contém um ou mais electrões não emparelhados que reagem com outras moléculas tomando ou dando electrões e estão envolvidos em muitas condições patológicas. É possível reduzir o risco de doenças crónicas e prevenir a progressão da doença, quer aumentando as defesas antioxidantes naturais do organismo, quer suplementando com antioxidantes alimentares comprovados. Os antioxidantes sintéticos, como o ácido ascórbico, o butil-hidroxitolueno (BHT) e o butil-hidroxianisol (BHA), habitualmente utilizados nos alimentos, têm efeitos secundários e são cancerígenos. Estudos mostram que a maioria das fontes de antioxidantes naturais provém de materiais vegetais (Singh *et al.*, 2011).

As plantas aromáticas e medicinais têm sido amplamente estudadas pelas suas actividades antimicrobianas e antioxidantes. Devido às suas actividades de eliminação de radicais e à sua natureza lipofílica, os óleos essenciais têm potencial para serem utilizados em pequenas quantidades em gordura e em sistemas alimentares que contenham gordura para prevenir ou retardar algumas deteriorações químicas que ocorrem durante o armazenamento destes produtos. Esta aplicação é de especial interesse para os fabricantes e consumidores que preferem conservantes naturais em vez de artificiais (Puertas-Mejia, 2002). Quando comparado com antioxidantes padrão (BHT e ácido ascórbico), o óleo *de Oreganum vulgare* apresenta uma atividade antirradicalar e uma atividade antioxidante significativamente mais elevadas (Kacaniova *et al.*, 2012).

O metanol, o clorofórmio e os extractos aquosos de *Cinnamomum tamala* têm uma atividade citotóxica e antioxidante significativa. A ingestão frequente de alimentos pode proteger o sistema de defesa do organismo contra o stress oxidativo e outras doenças como o cancro (Sudan *et al.*, 2013). Os extractos etanólicos a 50% das folhas de *Cinnamomum tamala* não só possuem boas propriedades anti-hiperglicémicas, como também têm uma atividade antioxidante muito boa em condições diabéticas induzidas por estreptozotocina (Palanisamy *et al.*, 2011). A atividade antioxidante do anis estrelado e dos seus extractos foi avaliada e verificou-se que tem um maior potencial como oxidante natural. Os compostos fenólicos são antioxidantes potentes e o anis estrelado continha-os em maior quantidade (Chouksey *et al.*, 2010). *O Oreganum vulgare* apresentou uma atividade antioxidante lipídica semelhante à do hiroxitolueno butilado (BHT) e do hidroxianisol butilado (BHA). O índice antioxidante do *Oreganum vulgare* mostrou uma grande atividade de limpeza (Galego *et al.*, 2008).

O papel tradicional dos antioxidantes consiste principalmente em inibir o desenvolvimento de rancidez oxidativa nos alimentos à base de gordura. A oxidação, ou a perda de electrões, pode por vezes produzir espécies reactivas de oxigénio, que incluem radicais livres (por exemplo, radical anião superóxido, radicais hidroxilo) e iões metálicos de transição livres (Halliwell e Gutteridge, 1999). Os antioxidantes são capazes de estabilizar estes radicais livres antes de poderem reagir e causar danos; também previnem as doenças neurodegenerativas, eliminando os radicais livres e retardando ou prevenindo a oxidação das moléculas acima referidas. Uma vez que a oxidação é um processo que ocorre naturalmente no corpo humano, deve existir um equilíbrio com os antioxidantes para manter a saúde; por conseguinte, os antioxidantes estão a tornar-se um ingrediente cada vez mais importante no processamento de alimentos (Abu-Ghannam *et al.*, 2010).

Com o objetivo de desenvolver produtos seguros e melhorar a qualidade dos mesmos, uma nova classe de produtos alimentares, designada por alimentos funcionais, tem encontrado um grande sucesso no mercado. Um alimento pode ser funcional se, para além do seu efeito nutritivo, tiver demonstrado benefícios para uma ou mais funções para os seres humanos, melhorando o estado de saúde ou reduzindo o risco de doença (Diplock *et al.*, 1999). O kokum, os orégãos, o anis estrelado e a folha de louro têm excelentes propriedades medicinais e antioxidantes. O presente estudo tem como objetivo avaliar e comparar o potencial *antioxidante in vitro* destas especiarias.

Materiais e métodos

Material vegetal: As folhas e os frutos de Oregano, Kokkum, Tejpatta e Bay leaf foram adquiridos no mercado INA, Nova Deli, Índia. O material vegetal foi limpo de matérias estranhas. As sementes e as folhas foram completamente secas à sombra.

Preparação dos extractos: As folhas secas de *Oreganum vulgare* e *Cinnamomum tamala,* os frutos secos de *Garcinia indica* e *Illicium verum* foram triturados grosseiramente num almofariz e pilão. Foram retirados cerca de 100 g de todas as amostras e preparados quatro extractos diferentes. 100 g de Kokum, Oregãos, Anis estrelado e Tej Patta foram embebidos em 500 ml de metanol a 99,9% durante 48 horas, separadamente. O material embebido foi filtrado com papel de filtro Whatman n.º 1 e os filtrados foram recolhidos em copos. Este processo foi repetido três vezes e os filtrados foram combinados. O solvente dos extractos foi então evaporado sob pressão reduzida utilizando um evaporador de vácuo rotativo (Buchi Rotary Evaporator, Modelo R- 124) [Fig. 5(a) e 5(b)].

(i) Determinação da atividade de eliminação de radicais livres utilizando o método DPPH:

As actividades de eliminação de radicais livres dos extractos foram medidas por 1, 1- difenil-2-picrilhidrazil (DPPH) (Kaur *et al.,* 2008; Thakur *et al.,* 2014; Thakur e Sayeed, 2014). Resumidamente, uma solução 0,1 mM de DPPH em etanol e 1,5 ml desta solução foram adicionados a 0,5 ml de solução de extrato em etanol em diferentes concentrações (50-300 µl/ml). A mistura foi agitada e deixada em repouso à temperatura ambiente durante 30 minutos. A absorvância foi então medida a 517 nm utilizando um espetrofotómetro. Foi utilizado um branco sem DPPH para eliminar a influência da cor dos extractos e uma solução etanólica de DPPH como controlo negativo. O ácido ascórbico foi utilizado como referência. Todas as medições foram efectuadas em triplicado. A atividade de eliminação do radical DPPH foi calculada utilizando a seguinte equação.

$$\textbf{\% Scavenging effect} = \frac{A_0 - A_s}{A} \times 100$$

Onde,

A_0 = Absorvância do controlo negativo

A_s = Absorvância da amostra

Resultados e discussão:

A capacidade de redução do DPPH foi determinada pela diminuição da sua absorvância a 517 nm induzida pelos antioxidantes. O DPPH reage com os antioxidantes e é convertido em 1,1-difenil-2-picril-hidrazina, aceitando um átomo de hidrogénio, pelo que apresenta uma diminuição da absorvância. Os extractos metanólicos de kokum, orégãos, anis estrelado e folha de louro apresentaram uma atividade de eliminação do radical DPPH dependente da concentração. Os resultados para Kokum, Oregano, Anis estrelado e Folha de louro são apresentados na Tabela 5.1 e 5.2, Fig. 5(c), 5(d), 5(e) e 5(f).

A maior atividade de eliminação de radicais foi encontrada no extrato metanólico de Anis estrelado *(Illicium verum)*, ou seja, 90,25% na concentração de 500 pg/ml. Também existe uma quantidade significativa de atividade de eliminação encontrada noutras três amostras, ou seja, Oregão *(Oreganum vulgare)*- 86,47%, Kokum *(Garcinia indica)*- 87,69% e Folha de Louro *(Cinnamomum tamala)*- 85,38%, respetivamente Fig.5 (g) e Quadro 5.2.

O resultado mostrou que todas as quatro especiarias selecionadas (Kokum, Orégãos, Anis estrelado e Folha de louro) têm atividade antioxidante com uma margem muito pequena em termos de efeito. Assim, a utilização de todas estas especiarias numa quantidade adequada apresentará excelentes resultados no que diz respeito às propriedades antioxidantes e pode também ser utilizada como alimento funcional.

Tabela 5.1: Absorvância do extrato de várias especiarias em diferentes concentrações a 517 nm

Concentration (µg/ml)	**Absorbance (517 nm)**			
	Kokum	**Oregano**	**Star Anise**	**Bay Leaf**
100	0.491	0.398	0.381	0.580
200	0.398	0.341	0.201	0.459
300	0.204	0.286	0.111	0.320
400	0.198	0.236	0.09	0.246
500	0.101	0.111	0.08	0.120

Tabela 5.2: Percentagem de atividade de eliminação do radical DPPH do extrato de especiarias

Concentration (µg/ml)	% Scavenging Activity			
	Kokum	Oregano	Star Anise	Bay Leaf
100	40.19 ± 0.005	51.52 ± 0.005	53.59 ± 0.005	29.35 ± 0.005
200	51.52 ± 0.005	58.46 ± 0.005	75.51 ± 0.005	44.09 ± 0.005
300	75.15 ± 0.005	65.16 ± 0.005	86.47 ± 0.005	61.02 ± 0.005
400	75.88 ± 0.005	71.25 ± 0.005	89.03 ± 0.005	70.03 ± 0.005
500	87.69 ± 0.005	86.47 ± 0.005	90.25 ± 0.005	85.38 ± 0.005

(Os valores são a média de experiências em triplicado e representados como média ± SEM).

PLACA IV

(a): Extrato de anis estrelado, kokum e folha de louro.

(b): Extrato de orégãos.

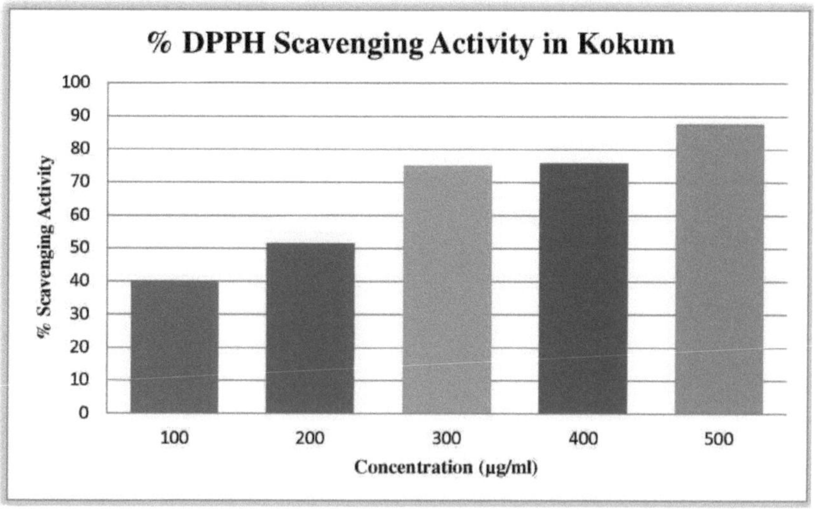

Fig.5 (a) % de atividade de eliminação de DPPH em Kokum

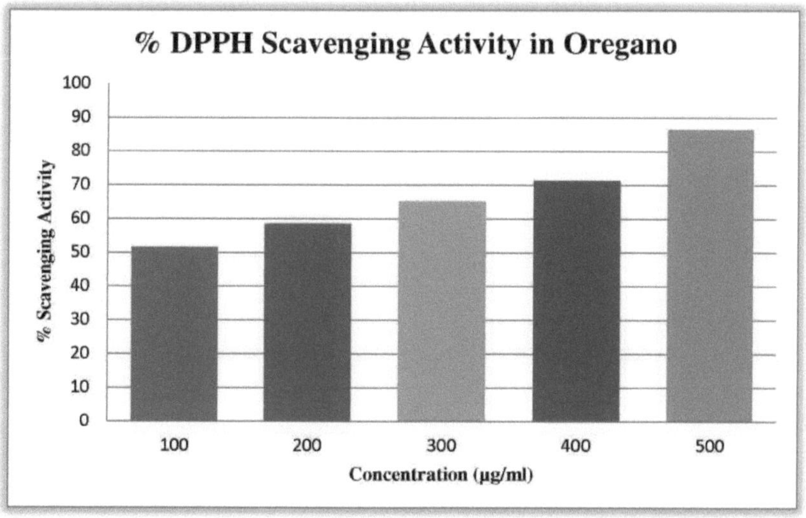

Fig.5 (c) % de atividade de eliminação de DPPH em orégãos

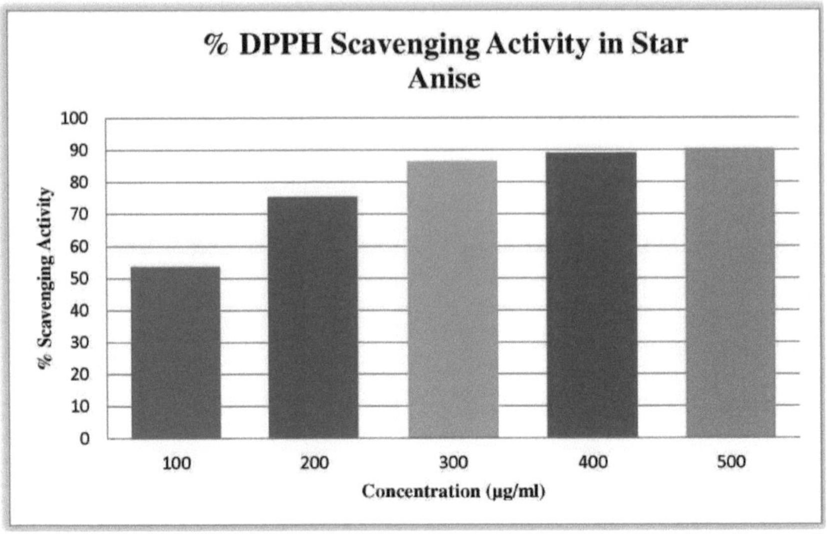

Fig.5 (b) % de atividade de eliminação de DPPH no anis estrelado

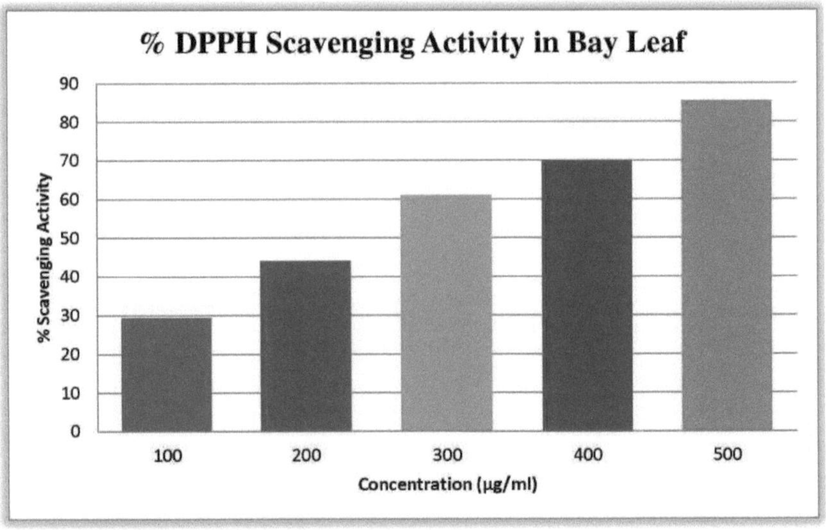

Fig.5 (d) % de atividade de eliminação de DPPH na folha de louro

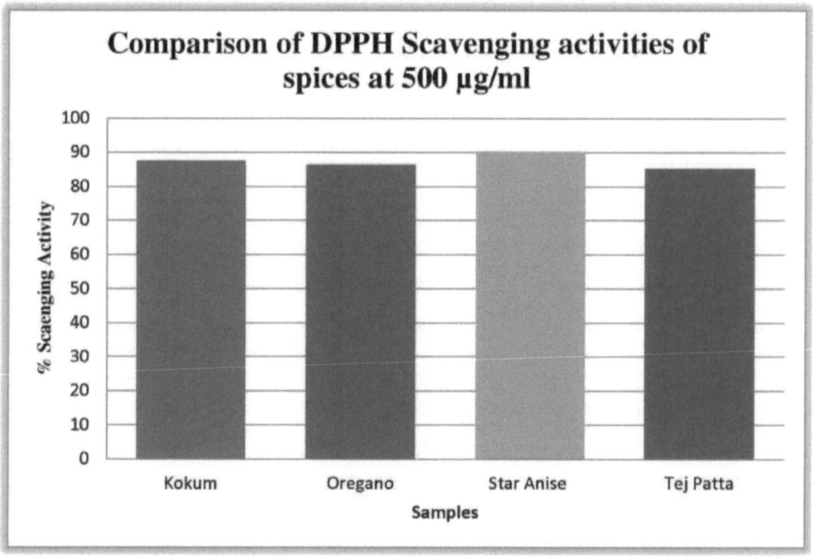

Fig 5 (e) Comparação das actividades de eliminação de DPPH das especiarias a 500 pg/ml

Correlação entre o teor de fenólicos totais e o teor de antioxidantes

Atividade dos extractos de especiarias

A correlação exprime numericamente a relação entre duas variáveis. Se duas variáveis estiverem fortemente correlacionadas, o aumento ou a diminuição de uma variável será acompanhado por um aumento ou diminuição da outra variável. Quanto mais forte for a correlação, maior será a possibilidade de prever uma variável com base na outra. Se duas variáveis não estiverem correlacionadas, não existe uma relação sistemática entre elas. A previsão não é possível.

No presente estudo, comparamos a correlação entre o conteúdo fenólico total e a atividade antioxidante dos extractos de kokum, louro, anis estrelado e orégãos **Tabela 5.3 e 5 (h)** Foram encontradas as seguintes observações.

Tabela 5.3: A correlação entre o conteúdo fenólico total e o ensaio de atividade antioxidante a 500 pg/ml.

Sample	Total Phenolic Content	Antioxidant Activity at 500 µg/ml
Kokum	194.31	87.69
Bay Leaf	146.76	85.38
Star Anise	195.10	90.25
Oregano	148.64	86.47
		Correlation: 0.8514

Figura 5 (f): Correlação entre o teor de fenólicos totais e a atividade antioxidante de quatro especiarias diferentes através de um gráfico de dispersão.

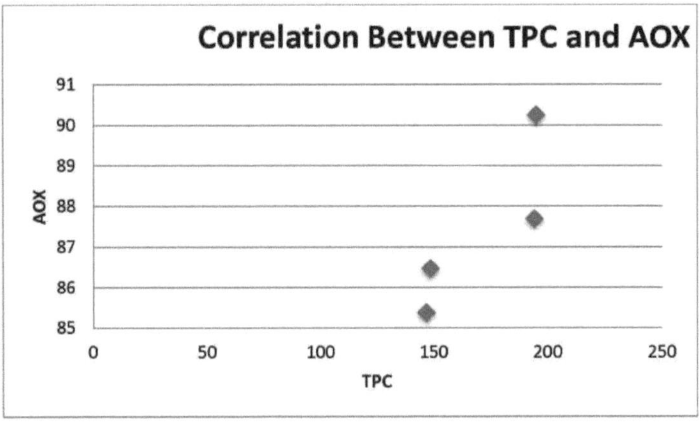

Resultados e discussão

Mostra a **relação sistemática positiva** (+) entre o teor fenólico total e o ensaio de atividade antioxidante dos extractos de especiarias de Kokum, folha de louro, anis estrelado e orégãos. Isto permite prever muito bem que uma variável se baseia na outra, pelo que a concentração de TPC numa determinada planta também pode ajudar a estimar a atividade antioxidante dessa planta. Assim, a planta pode revelar-se uma fonte potente de nutracêuticos.

As especiarias são um grupo diversificado de uma grande variedade de aditivos alimentares básicos consumidos em todo o mundo, sobretudo nas cozinhas tropical oriental, hispânica e mediterrânica. A especiaria é um termo culinário e não uma categoria botânica, não se referindo a um tipo específico de planta ou parte de planta (Farrell, 1990). A dependência do homem em relação às plantas para o essencial da sua existência tem sido uma importância primordial na sua vida desde o início da raça humana. Uma especiaria é definida como um composto natural que é extraído das sementes, frutos, flores ou troncos (pele, dentes, folhas) de várias plantas e que é adicionado aos alimentos para lhes conferir sabor, cheiro ou aroma. As especiarias e as ervas aromáticas são utilizadas desde a antiguidade como conservantes, corantes e intensificadores de sabor (Viuda *et al.*, 2011). As especiarias são utilizadas para dar sabor, cor, aroma e conservação de alimentos ou bebidas (Anon, 1999). Cada especiaria tem um aroma e um sabor únicos.

Os principais objectivos dos presentes estudos foram os seguintes

1. **Estudos sobre a biologia de quatro especiarias indianas diferentes, ou seja, Kokum *(Garcinia indica)*, Oregãos *(Origanum vulgare)*, Anis estrelado *(Illicium verum)* e Folha de Louro *(Cinnamomum tamala)*.**
2. **Estimativa do teor de fenólicos totais dos extractos das respectivas especiarias.**
3. **Rastreio fitoquímico qualitativo do extrato das respectivas especiarias.**
4. ***Determinação da* atividade antioxidante *in vitro* dos extractos das especiarias em questão.**

O estudo foi realizado para atingir os objectivos acima referidos. As amostras de Kokum, Orégãos, Anis estrelado e Folha de louro foram adquiridas no mercado INA em Nova Deli, Índia, e preparadas em extractos etanólicos utilizando protocolos normalizados. Os extractos foram então avaliados quanto ao conteúdo fenólico total, à atividade antioxidante *in vitro* e ao rastreio fitoquímico qualitativo, respetivamente. Os resultados do estudo mostraram as seguintes conclusões:

1) **Rastreio fitoquímico**

O rastreio fitoquímico dos extractos de kokum, orégãos, anis estrelado e louro revelou que a antocianina, os hidratos de carbono, os flavonóides, os esteróis, os taninos e os terpenóides são os principais fitoquímicos presentes nestes extractos.

2) Conteúdo fenólico total

O conteúdo fenólico total de Kokum, orégãos, anis estrelado e folha de louro foi estudado utilizando o reagente Folin-Ciocalteu e os resultados mostraram a quantidade significativa de conteúdo fenólico total nos quatro extractos de especiarias.
A quantidade de conteúdo fenólico total seguiu a ordem:

Anis estrelado > Kokum > Orégãos > Folha de louro

3) Atividade Antioxidante *In - vitro*

A atividade antioxidante *in vitro* dos extractos de kokum, orégãos, anis estrelado e folha de louro foi estudada utilizando o método de eliminação do radical DPPH e os resultados indicaram que existe uma forte atividade antioxidante a 500 pg/ml em todos os extractos de especiarias.
A quantidade % de atividade de eliminação de DPPH a 500 pg/ml mostrou a seguinte ordem

Anis estrelado > Kokum > Orégãos > Folha de louro

4) Correlação entre o teor de fenólicos totais e a atividade antioxidante *in vitro*

A correlação entre o TPC (teor fenólico total) e a AOX (atividade antioxidante) mostra uma relação sistemática positiva (+) nos extractos de especiarias Kokum, folha de louro, anis estrelado e orégãos. Assim, pode prever-se muito bem que uma variável se baseia na outra, pelo que a concentração de TPC numa determinada planta também pode ajudar a estimar a atividade antioxidante dessa planta.

Adams James. 2004. Comunicação pessoal. 23 de setembro de 2004.

Akram M, Shahid M e Khan AU. 2007. Etiology and Antibiotics Resistance Pattern of Community Acquired Urinary Infections in J N M C Hospital Aligarh India [Etiologia e padrão de resistência aos antibióticos das infecções urinárias adquiridas na comunidade no hospital J N M C de Aligarh, Índia]. Ann Clin Microbiol Antimicrobiology. 6:4.

Abu-Ghannam N, Rajauria G, Jaiswal AK e Gupta S. 2010. Effect of hydrothermal processing on colour, antioxidant and free radical scavenging capacities of edible Irish brown seaweeds. Int J food Sci Technol 45: 2485-2493.

Alfawaz MA. 2004. Composição química e caraterísticas do óleo dos grãos de sementes de abóbora (Cucurbita maxima). Res. Bult., 5-18.

Alshawsh MA, Methana RA, Alshamahy HA, Alsllami SF e Lindequist U. 2007. Avaliação da atividade antimalárica contra Plasmodium falciparum e rastreio fitoquímico de algumas plantas medicinais do Iémen. Evidence-Based Complementary and Alternative Medicine 6(4): 453 - 456.

Amin T e Thakur M. 2014. Um estudo comparativo sobre composição aproximada, triagem fitoquímica, atividades antioxidantes e antimicrobianas de *Linum usitatisimum* L. (sementes de linhaça). Inter J Current Microbio Appl Sci. 3(4): 465-481.

Guia da Herb Society of America para o Género Origanum - Orégãos e Manjerona 2005. Página no. 3-48.

Anderson RA, Roussel AM, Pasupuleti V e Anderson JW. 2008. Nutraceuticals, glycemic health and type 2 diabetes. Série IFT Press, WileyBlackwell Publishing; p. 127-40.

Anne-Marie R, Isabelle H, Rachida, B, Tim NZ e Richard AA. 2009. Antioxidant Effects of a Cinnamon Extract in People with Impaired Fasting Glucose That Are Overweight or Obese (Efeitos Antioxidantes de um Extrato de Canela em Pessoas com Glicose de Jejum Deficiente que Têm Excesso de Peso ou São Obesas). Journal of the American College of Nutrition, 28(1): 16-21.

Anon, 1999. Especiarias. In: Recursos vegetais do Sudeste Asiático, No.13.

Antol MN e Levenson B. 1999. The Incredible Secrets of Mustard (Os Incríveis Segredos da

Mostarda). Garden City Park, N.Y.: Avery.

Anwar F, Qayyum HM, Hussain AI e Iqbal S. 2010. Atividade antioxidante de extractos de metanol a 100% e 80% de sementes de cevada (Hordeum vulgare L.): estabilização do óleo de girassol. GRASAS Y ACEITES, 61(3): 237-243.

AOAC. 1995. Métodos oficiais de análise (16ª Ed.). Washington, DC: Association of Official Analytical Chemists.

AOAC. 2000. Métodos oficiais de análise (17ª Ed.). Washington, DC: Association of Official Analytical Chemists, I.S Specification No I.S 1797 - 1985 Methods of Test for Spices and Condiments.

Arora DS e Kaur J. 1999. Antimicrobial activity of spices (atividade antimicrobiana das especiarias). International Journal of Antimicrobial Agents, 12: 257-262.

Assimopoulou AN, Boskou D e Papageorgiou VP. 2004. Actividades antioxidantes de extractos de alcanina, shikonina e raiz de Alkanna tinctoria em substratos oleosos. Food Chem., 87(3): 433-438.

Badarinath A, Rao KM, Chetty CM, Ramkanth S, Rajan T e Gnanaprakash K. 2010. A Review on *In - vitro* Antioxidant Methods: Comparisions, Correlations and Considerations. International Journal of PharmTech Research, 2(2):1276-1285.

Bafna PG. 2012. Otimização de parâmetros de processo para extração de Kokum (Garcinia Indica) polpa de frutas usando Response Surface Methodology (RSM). Revista Internacional de Pesquisa Científica e de Engenharia Volume 3, Edição 8, agosto-2012 1 ISSN 2229-5518.

Bajpai M, Pande A, Tewari SK e Prakash D. 2005. Conteúdo fenólico e atividade antioxidante de algumas plantas alimentares e medicinais. Jornal Internacional de Ciências Alimentares e Nutrição, 56(4): 287-291.

Balinga MS, Bhat HP, Pa RJ, Bolooi R e Palatty PL. 2010. Food Research International. A química e os usos medicinais da árvore de fruto indiana subutilizada Garcinia indica Choisy (kokum): Uma revisão. Volume 44, Número 7, 1790-1799.

Barriere C, Centeno D, Lebert A, Leroy-Setrin S, Berdague JL e Talon R. 2001. Papéis da superóxido dismutase e da catalase de Staphylococcus xylosus na inibição da oxidação do ácido linoleico. FEMS Microbiol. Lett. 201: 181-185.

Balasubramanyam K, Altaf M, Varier RA, Swaminathan V, Ravindran A, Sadhale PP e Kundu TK.

2004. A benzofenona poli-isoprenilada, garcinol, um inibidor natural da histona acetiltransferase, reprime a transcrição da cromatina e altera a expressão genética global. J Biol Chem. 2004;279(32):33716-33726.

Baytop T. 1984. Plantas Medicinais. IU Yayinlari No. 3255, Eczacilik Fak. No.40, 444s (em turco).

Begum M, Ahmed SU, Begum M e Akter T. 2013. Estudos sobre a eficácia do Tejpata (Cinnamomum tamala Nee). Extrato de folha na preservação de peixe seco Kachki (Corica soborna) em condições de laboratório. Revista americana de ciência e tecnologia alimentar, 2013, Vol.1, No.,3: 14-17.

Belsinger, Susan e Carolyn Dille. 1992. Cooking with marjoram and oregano. The herb companion. 4(3): 29-32. (Biblioteca HSA).

Belsinger e Susan. 2004. Comunicação pessoal. 20 de setembro de 2004.

Bendini A, Toschi TG e Lercker G. 2002. Atividade antioxidante das folhas de orégãos (Origanum vulgare). In Jornal Italiano de Ciências Alimentares, vol. 14, 2002, p. 17 -23.

Braga LC, Leite AAM, Xavier KGS, Takahashi JA, Bemquerer MP, Chartone-Souza E e Nascimento AMA. 2005. Interação sinérgica entre extratos de romã e antibióticos contra Staphylococcus aureus. Canadian Journal of Microbiol 2005, 51:541547.

Braganza M, Shirodkar A, Bhat DJ e Krishnan S. 2012. Western Ghats Kokum FoundationResource Book on Kokum.

Brian J. 1985. Thomas-Bigger, e G. Goodman, The Pharmacological Basis of Therapeutics, Macmillan, Nova Iorque, NY, EUA, 7ª edição.

Bruneton J. 1995. Farmacognosia, Fitoquímica, Plantas medicinais. França: Lavoisiler Publishing Co., pp.265-380.

Burt S. 2004. Óleos essenciais: suas propriedades antibacterianas e potenciais aplicações em alimentos e uma revisão. In International Journal of Food Microbiology, vol. 94, 2004, p. 223 -253.

Cao G, Verdon, CP, Wu AHB, Wang H e Prior RL. 1995. Clin, Chem, 41, 1738-1744.

Cervato G, Carbell M, Gervasio S, Cittera A, Cazzola R e Cestaro B. 2000. Propriedades antioxidantes de extractos de folhas de orégãos (Origanum vulgare). J Food Biochemistry, 24:453.

Chakraborty U e Das H. 2010. Actividades Antidiabéticas e Antioxidantes de *Cinnamomum tamala.*

Chao LK, Hua KF e Hsu HY. 2005. Estudo sobre a atividade anti-inflamatória do óleo essencial das folhas de Cinnamomum osmophloeum. J Agric Food Chem. 53(2005): 7274-8.

Chauhan NS. 1999. Medicinal and Aromatic Plants of Himachal Pradesh (Plantas Medicinais e Aromáticas de Himachal Pradesh). Indus Publishing Company. 632 pp.

Chouksey D, Sharma P e Pawar RS. 2010. Pelagia Research Library- Actividades biológicas e constituintes químicos dos frutos do gancho de Illicium verum (Anis estrelado chinês) 1(3): 1-10.

Chopra RN, Nayer SL e Chopra IC. 1992. Glossário de Plantas Medicinais Indianas, 3ª Edn. Nova Deli: Conselho de Investigação Científica e Industrial, pp.7-246.

Chung KT, Wong TY, Wei CI, Huang YW e Lin Y. 1998. Tannins and human health: a reviw. Crit Rev food sci Nutr 38: 421-464.

Claus EP e Tyler VE. 1965. Pharmacognosy, 5th Ed., Lea and Febiger, Philadelphia.

Coates A, Hu Y, Bax R e Page C. 2002. The future challenges facing the developement of new antimicrobial drugs.Nat Rev Drug Discov 2002, 1:895-910.

Cosentino S, Tuberoso CI, Pisano B, Satta M, Mascia V, Arzedi E e Palmas F. 1999. Aug, atividade *antimicrobiana in vitro* e composição química dos óleos essenciais de Thymus da Sardenha. Lett Appl Microbiol; 29(2):130-5.

Craig WJ. 1999. Health-promoting properties of common herbs (Propriedades promotoras de saúde das ervas comuns). Am J Clin Nutr, 70:491-499.

Cuvelier ME, Richard H e Berset C. 1992. Biosci. Biotech. Biochem. 56, 324-325.

Dang QT e Sarath GI. 1997. Extração líquida de CO2 de óleo essencial de frutos de anis estrelado (Illicium verum H.). J. Food Eng., 31: 47-57.

De M, De AK, Mukhopadhyay R, Miro M e Anerjee AB. 2001. Acções antimicrobianas de Illicium verum Hook. F. Ars Pharmaceutica, 42: 3-4; 209-220.

Devasagayam TPA, Tilak JC, Bapat MM e Mishra A. 2006. Atividade antioxidante da Garcinia indica (kokam) e do seu xarope. Curr Sci. 2006;91:90-93.

Devi L, Kannappan S e Anuradha CV. 2007. Avaliação da atividade antioxidante in vitro da folha de louro indiana, Cinnamomum tamala, utilizando sinaptossomas de cérebro de rato como sistema modelo. Indian J Experimental Biol. 2007;45:778e784.

Deyama T e Horiguchi T. 1971. Estudos sobre os componentes do óleo essencial de cravinho, Eugenia caryophyllata, Thumberg. Yaku gaku Zasshi 91:1383-1386.

Diplock AT, Aggett PJ, Ashwell M e Bornet MB. 1999. Conceito científico de alimentos funcionais na Europa: Documento de consenso. Br J Nutr 81: 1-27.

Djipa CD, Delmee M e Quetin-Leclercq P. 2000. Atividade antimicrobiana de extractos de casca de Syzygium jambos L. Journal of Ethnopharmacology, 71: 307-313.

Dugoua JJ, Seely D, Perri D, Cooley K, Forelli T, Mills E e Koren G. 2007. Da diabetes tipo 2 à atividade antioxidante: uma revisão sistemática da segurança e eficácia da casca de canela comum e de cássia. Can J Physiol Pharmacol. 85(9):837-47.

Edeoga H, Okwu D e Mbaebie B. 2005. Constituintes fitoquímicos de algumas plantas medicinais nigerianas. Jornal Africano de Biotecnologia, 4 (7): 685-688.

El-Baroty GS, Abd El-Baky HH, Farag RS e Saleh MA. 2010. Caracterização dos compostos antioxidantes e antimicrobianos dos óleos essenciais de canela e gengibre. Jornal Africano de Investigação Bioquímica. 4(6): 167-174. Disponível online em http://www.academicjournals.org/AJBR ISSN 1996-0778 ©2010 Revistas académicas.

Elgayyar M, Draughon FA, Golden DA e Mount JR. 2001. Antimicrobial activity of essential oils from plants against selected pathogenic and saprophytic microorganisms. J Food Prot, 64:1019-1024.

Elinge CM, Muhammad A, Atiku FA, Itodo AU, Peni IJ e Sanni OM. 2012. Composição Proximal, Mineral e Anti-nutriente do Extrato de Sementes de Abóbora (Cucurbita pepo L). Jornal Internacional de Investigação Vegetal, 2(5):146-150.

Ensminger AH e Esminger MKJ. 1986. Food for Health: A Nutrition Encyclopedia. Clovis, Califórnia: Pegus Press. 1986. PMID:15210.

Erturk O. 2006. Atividade antibacteriana e antifúngica de extractos etanólicos de onze especiarias. Biologia, Bratislava, Secção de Biologia Celular e Molecular, 61, 275-278.

Farombi EO, Britton G e Emerole GO 2000. Avaliação da atividade antioxidante e caraterização parcial de extractos da dieta de farinha de inhame dourada. Food Res Int 33: 493-499.

Galego L, Almeida V, Goncalves V, Costa M, Monteiro I, Matos F e Miguel G. 2008. Atividade Antioxidante dos Óleos Essenciais das Bactérias *Thymbra capitata, Oreganum vulgare,*

Thymus mastichina.

Ghiselli A, Serafini M, Natella F e Scaccini C. 2000. Capacidade antioxidante total como ferramenta para avaliar o estado redox: visão crítica e dados experimentais. Free Rad. Bio.Medi. , 29:11061114.

Govaris A, Botsoglou E, Sergelindis D e Chatzopoulou PS. 2011. Atividade antibacteriana dos óleos essenciais de orégãos e tomilho contra *Listeria monocytogenes* e Escherichia coli O157:H7 em queijo feta embalado em atmosfera modificada. In LWT - Food Science and Technology, vol. 44, 2011, 1240-1244.

Grassmann J. 2005. Terpenoids as plant antioxidants. Vitam Horm 72: 505-535.

Halliwell B e Gutteridge JM. 1999. Free Radicals in Biology and Medicine. Oxford University Press.

Harpaz S.2003. Efeito dos óleos essenciais à base de plantas utilizados para prolongar o prazo de validade do robalo asiático *(Lates calcarifer)* criado em água doce. Jornal de proteção alimentar. 66(3): 410-417.

Hertog M, Feskens E, Hollman P, Katan M e Kromhout D. 1993. Dietary antioxidant flavonoids andrisk of coronary heart disease: the Zutphen Elderly Study Lancet. 342:1007-1011.

Hogg JS, Lohmann DH e Russell KE. 1961. Can. J. Chem. 39, 1588-1594.

Hollman PC e Katan MB. 1999. Dietary flavonoids: intake helth effects and bioavailability. Food Chem Toxicol 37: 937-942.

Huang WY, Cai YZ, Xing J, Corke H e Sun M. 2008. Análise comparativa das bioactividades de quatro espécies de Polygonum. Planta Med., 74: 43-49.

Huang Y, Zhao J, Zhou L, Wang J, Gong Y, Chen X, Guo Z e Jiang W. 2010. Atividade antigénica do óleo essencial do fruto de Illicium verum e do seu principal componente trans-anethole. Molecules 2010; 15(11):7558-7569.

Hussain A, Anwar F, Sherazi S e Przybylski R. 2008. A composição química, as actividades antioxidantes e antimicrobianas dos óleos essenciais de manjericão *(Ocimum basilicum)* dependem das variações sazonais. Food Chem., 108: 986-995. http://www.recipeclout.india-server.com/index. acedido em 20.04.2012.

linuma M, Tosa H, Tanaka T, Kanamaru S, Asai F, Kobayashi Y, Miyauchi K e Shimano R. 1996. Atividade antibacteriana de alguns derivados de Garcinia benzophenone contra

Staphylococcus aureus resistente à meticilina. Biol Pharm Bull.1996;19(2):311- 314.

Indu MN, Hatha C, Abirosh U, Harsha e Vivekanadan G. 2006. Atividade antimicrobiana de algumas especiarias do sul da Índia contra sorotipos de Escherichia coli, Salmonella, Listeria monocytogenes e Aeromonas hyrdophilia. Braz. J. Microbiol., 37, 153-158.

Jayaprakasha GK e Sakariah KK. 2002. Determinação de ácidos orgânicos em folhas e cascas de Garcinia indica (Desr.) por LC. Journal of Pharmaceutical and Biomedical Analysis vol. 28 379-384.

Jena BS, Jayaprakasha GK, Singh RP e Sakariah KK. 2002. Chemistry and Biochemistry of Hydroxycitric acid from Garcinia. J Agric food chem. 50 (1): 10-22.

John A e Grohmann K. 2001. Phenols in citrus peel byproducts, Concentração de hidroxicinamatos e flavonas polimetoxiladas em melaço de casca de citrinos. J. Agri. Food Chem, 49: 3268-3273.

Joseph J, Shukitt-Hale B, Denisova N, Bielinski D, Martin A e McEwen J. 1999. Motor behavioral Reversals of age-related declines in neuronal signal transduction, cognitive, deficits with blueberry, spinach,or strawberry dietary supplementation. J. Neurosci., 19:8114-8121.

Kacaniova M, Vakovic N, Hleba L, Bobkova A, Pavelkova A, Rovna K e Arpasova H. 2012. Journal of Microbiology, Biotechnology and Food Sciences- Antimicrobial and Antiradicals activity of Oreganum vulgare L and Thymus vulgaris essential oils.

Kamaliroosta L, Gharachorloo M, Kamaliroosta Z e Alimohammad Zadeh KH. 2012. Extração de óleo essencial de canela e identificação dos seus compostos químicos, Journal of Medicinal Plants Research Vol. 6(4), pp. 609-614.

Keskin D e Toroglu S. 2011. Estudos sobre as actividades antimicrobianas de extractos de solventes de diferentes especiarias, Journal of Environmental Biology, março de 2011, 32- 251-256.

Khesorn Manthachit. MS. 2002. Chang Mai Med bull, 41(4), 169-172.

Kim J, Marshall MR e Wie C. 1995. Antibacterial activity of some essential oil components gainst five foodborne pathogens. Journal of Agriculture and Food Chemistry, 43: 28392845.

Kim HY, Kim K. 2003. Actividades inibidoras da glicação proteica e antioxidativas de alguns extractos de plantas in vitro. J. Agric. Food Chem., 51: 1586-1591.

Kokate CK. 1999. Practical pharmacognosy, 4ª edição. Vallabh Prakashan, Nova Deli, p. 107-21.

Kosinska A e Karamac M. 2006. Antioxidant capacity of roasted health-promoting products. Jornal polaco de ciências da alimentação e nutrição, 15/56(2):193-198.

Krishnaswamy K. 2008. Traditional Indian spices and their health significance (Especiarias indianas tradicionais e seu significado para a saúde). Asia Pac J Clin Nutr. 17 (1):265-268.

Krishnamurthy T. 1996. Minor Forest Products of India (Produtos Florestais Menores da Índia). Oxford e IBH Publishing Co. Pvt. Ltd., Nova Deli.

Krishnamurthy N e Sampathu SR. 1998. Antioxidant principles of Kokum rind. J Food Sci Technol. 1988;25:44-45.

Kumar A, Jha KK, Kumar D, Agrawal AA e Gupta A. 2012. Análise Fitoquímica Preliminar do Extrato de Folha e Casca (Mistura) da Planta Ficus Infectoria. The Pharma Innovation. 1(5): 83-89.

Kyu-sik chang.2002. Ciência da gestão das pragas, 58(2), 161-166.

Kwon HK, Jeon WK, Hwang JS, Lee CG, So JS, Park JA, Ko BS e Im SH. 2009. O extrato de canela suprime a progressão do tumor através da modulação da angiogénese e da função efectora das células T CD8+. Cancer Lett. 278(2):174-82.

Extractos de folhas em ratos diabéticos tratados com Stz. 2010. Journal of Biotechnology & Biochemistry 5 (1): 12-18.

Lee KW, Everts H e Beynen AC. 2004. Óleos essenciais na nutrição de frangos de corte. Int J Poult Sci 3:738752.

Leite de Souza E, Guerr NB, Stamford TLM e Lima EO. 2006. Especiarias: fontes alternativas de compostos antimicrobianos para uso na conservação de alimentos. Rev Bras Farm, 87:22-25.

Liu LM, Guo ZD e Zhan J. 1997.Estudo da composição do extrato fluido de CO2 supercrítico de Illicium verum Hook.f. J. Instrum. Anal., 16(4): 24-26.

Lima ZP, Severi JA, Pellizzon CH, Brito AR e Solis PN. 2010. Atividade gastroprotetora das folhas de Cinnamomum tamala em úlceras gástricas experimentais em ratos. Journal of Ethnopharmacology, 128(2010): 537-540.

McKimm e Rae. 2004. Comunicação pessoal. 4 e 5 de outubro de 2004.

Makinen, Seija M e Kirsti KP. 2002. Transformação, efeitos e utilização de orégãos e manjerona em géneros alimentícios e na preparação de alimentos. Em Oregano: the genera Origanum and Lippia. Editado por Spiridon E. Kintzios. Londres: Taylor & Francis. (Biblioteca HSA).

Mallikharjuna P, Rajanna L, Seetharam Y e Sharanabasappa G. 2007. Estudos fitoquímicos de Strychnos potatorum L.f. - Uma planta medicinal. E-Journal of Chemistry, 4 (4) 510-518.

Manach C, Scalbert A, Morand C, Remesy C e Jimenez L. 2004. Polifenóis: Food sources and bioavailability. Am J Clin Nutr 79: 727-747.

Man R e Weir R. 1988. The Compleat Mustard. London: Constable.

Mathew S e Abraham TE. 2006. Estudos sobre as actividades antioxidantes dos extractos de casca de canela (Cinnamomum verum), através de vários modelos in vitro. Elsivier, Food Chemistry. 94(4): 520-528.

Maya KM, Zachariah TJ e Krishnamoorthy B. 2004. Composição química dos óleos essenciais de nozes de meg (Myristica fragrans) Houtt.) accession. Jornal de especiarias e culturas aromáticas. 13(2): 135-159.

Mazza G, Fukumoto L, Delaquis P, Girard B e Ewert B. 1999. Antocianinas, fenólicos e cor dos vinhos Cabernet Franc, Merlot e Pinot Noir da Colômbia Britânica. J. Agric. Food Chem., 47:4009-4017.

Milind P e Mehta D. 2011. Clove - uma especiaria campeã. Jornal Internacional de Farmácia e Ayurveda. 2(1): 47-54.

Miller NJ e Rice-Evans CA. 1997. Factores que afectam a atividade antioxidante determinada pelo ensaio do radical catião ABTS+. Free Radic Res, 26(1997): 195-199.

Miller HE, Rigelhof F, Marquart L, Prakash A e Kanter M. 2000. J. Am. Coll. Nutr. 19(3), 312S-319S.

Miller HE, Rigelhof F, Marquart L, Prakash A e Kanter M. 2000. Cereal Foods World 45(2), 59-63.

Misra CS, Pratyush K, Lipin Dev MS, James J, Veettil AKT e Thankmani V. 2011. Um estudo comparativo sobre o rastreio fitoquímico e a atividade antibacteriana das raízes de Alstonia scholaris com as raízes, folhas e casca do caule. Int J Res phytohem Pharmacol 1: 77-82.

Miura K, Kikuzaki H, Nakatani N. 2002. Atividade antioxidante dos componentes químicos da salva (Salvia officinalis L.) e do tomilho (Thymus vulgaris L.) medida pelo método do índice de estabilidade do óleo. J Agric Food Chem 50:1845-1851.

Mothana RAA e Lindequist U. 2005. Atividade antimicrobiana de algumas plantas medicinais da ilha de Soqotra.J. of Ethnopharmacology 96: 177-181.

Muthulakshmi V, Vijayakumar V, Vasanthkumar M e Vasanthi HR. 2009. In: Functional Foods for Chronic Diseases (Alimentos Funcionais para Doenças Crónicas). Danik M. Martirosyan, editor. Vol. 4. D & A Inc/FF pp. 274-317.

Muzychkina RA. 1998. Natural Anthraquinoues: Biological and Physiological Properties, G. A. Tolstikov, Ed., PHASIS, Moscovo, Rússia.

Nadarajah D, Han JH e Holley RA. 2004. Use of mustard flour to inactivate Escherichia coli O157:H7 in ground beef under nitrogen flushed packaging, Department of Food Science, University of Manitoba, Winnipeg, Manitoba, Canada R3T 2N2.

Ness A e Powles J. 1997. Fruit and vegetables, and cardiovascular disease: a review. Int. J. Epidemiol., 26:1- 13.

Nutrition- and- you, 2014. Retrieved from http://livingscience.ca/nutrition-101-2/nutrition/spices-an-easy-way-to-add-functional-foods-to-your-diet/ assessed on 13.04.2014.

Nutrition-and-you, 2009-12. Recuperado de: www.nutrition-and-you.com. Acedido em 24.04.2014.

Factos nutricionais, 2014. Retirado de http://recipeclout.india-server.com/index.html. acedido em 26.04.2014.

Olaleye MT. 2007. Cytotoxicity and antibacterial activity of methanolic extract of Hibiscus sabdariffa," Journal of Medicinal Plants Research, vol. 1, no. 1, pp. 9-13.

Orwa C, MutuaA , KindtR , Jamnadass RSe Anthony. 2009. Agroforest Database- atree guia de referência e seleção versão 4.0(em linha). Disponível em: http://www.worldagroforestry.org/sites/treebs/treedatabase.asp

Osawa T e Namaki M. 1983. Um novo tipo de antioxidante isolado da cera das folhas de eucalipto. Agric Biol Chem. 45(1983): 735-739.

Oyas AA, Sahu NP e Pal AK. 2013. Atividade antioxidante e propriedade antimicrobiana de algumas especiarias indianas Revista Internacional de Publicações Científicas e de Pesquisa, 3(3).ISSN 2250-3153.

Padmashree A, Roop N, Semwal AD, Sharma GK, Agathian G e Bawa AS. 2007. Star-anise (Illicium verum) e cominho preto (Carum nigrum) como antioxidantes naturais. Food Chem, 104: 59-66.

Palmer AS, Stewart J e Fyfe L. 1998. Propriedades antimicrobianas de óleos essenciais de plantas e essências contra cinco importantes agentes patogénicos de origem alimentar. Cartas em Microbiologia Aplicada, 26(1998): 118-122.

Pandey AK, Mishra AK, Mishra A, Kumar S e Chandra A. 2010. Potencial terapêutico de C. zeylanicum, extractos: uma perspetiva antifúngica e antioxidante. Int J Biol Med Res. 2010;1:228e233.

Pandey AK, Mishra AK e Mishra A. 2012. Potencial antifúngico e antioxidante do óleo e extractos derivados das folhas da planta de especiarias indiana Cinnamomum tamala . Cell. Mol. Biol. 58 (1): 142-147.

Pandey A. 2012. Potencial da criogenia para a indústria das especiarias na Índia. Jornal de Tecnologia de Processos Alimentares. 3(10):174. (ISSN -2157-7110).

Panickar KS, Cao H, Qin B e Anderson RA. 2009. Alvos e benefícios da canela para a saúde. In: Aggarwal BB, Kunnumakkara AB, editores. Molecular targets and therapeutic uses of spices (Alvos moleculares e utilizações terapêuticas das especiarias). Hackensack, NJ: World Scientific Publishing Co. pp 87-116.

Peter KV. 2004. Handbook of herbs and spices (Manual de ervas aromáticas e especiarias). Obtido em: www. books.google.co.in/books?isbn=1855737213.

Prabuseenivasan S, Jayakumar M e Ignacimuthu S. 2006. Atividade antibacteriana in vitro de alguns óleos essenciais de plantas. BMC Complement Altern Med 2006; 6 (39): 1-8.

Preuss H, Echard B, Dadgai A, Talpur N, Manohar V, Enig M, Bagchi D e Ingram C. 2005. Efeitos de óleos essenciais e monolaurina em Staphylococus aureus: estudos in vitro e in vivo. In Toxicology Mechanisms and Methods, vol. 15, 2005, p. 279-285.

Prior RL, Cao G, Martin A, Sofic E, McEwen J, O'Brien C, Lischner N, Ehlenfeldt M, Kalt W, Krewer G e Mainland CM. 1998. J. Agric. Food Chem. 46, 2686-2693.

Rahul.2010. Recuperado de: http://www.timeswellness.com/article/7/2010.

Ramakrishnan S, Prasanna KG e Rajan R. 1994. Text book of medical biochemistry. Orient Longman, Nova Deli, pp 582.

Raman M. 2006. Phytochemical techniques. books.google.co.in/books?isbn=8189422308.

Ranasinghe L, Jayawardena B e Abeywickrama K. 2002. Atividade fungicida de óleos essenciais.

Rao AV e Sung MK .1995. Saponinas como anticarcinogénios. J Nutr 125: 717S-724S.

Reema J, Leela NK, Krishnamoorthy B e Mathew P I. 2005. Chemical composition of *C. tamala* essential oil- a review Journal of Medicinal and Aromatic Plant Sciences 27: 515519.

Rice-Evans CA, Miller NJ e Paganga C. 1997. Propriedades antioxidantes dos compostos fenólicos das plantas. Tendências na ciência das plantas 4: 304-309.

Richard P e Michael E. 2005. Isolamento do ácido chiquímico do anis estrelado. J. Chem. Educ., 82(4): 599-600.

Roux GF, Perrier J, Forest E, Mouren GM, Puigserver A, e Santimone M. 1998. Triagem da casca de Cinnamomum tamala (Lauraceae) utilizando o ensaio de inibição da aamilase para atividade antidiabética. Biochim Biophys Ata. 1388(1998): 10-20.

Rudrappa U. 2009. Factos sobre a nutrição dos orégãos. Recuperado de: http://www.nutrition-and-you.com/oregano. Acedido em 29 de abril de 2014.

Rukachaisirikul V, Naklue W, Sukpondma Y e Phongpaichit S. 2005. Um derivado bifenílico antibacteriano de Garcinia bancana MIQ. Chem Pharm Bull.2005;53(3):342-343.

Santos AC, Aguilar-Santos, G, Obligacion M, Olay LP e Fojas FR. 1981. Phil. Plantas e seus produtos naturais contidos: Biological and Pharmacological Survey, NRCP Bull. vols. 1 4 .

Santhanakrishnan R e Seena MS. 2009. Estudos farmacognósticos e fitoquímicos sobre Origanum vulgare L. (Laminaceae). Ciência Antiga da Vida, Vol. 29, No.2 (2009) Páginas 17 - 23.

Santosh MK, Sharanabasappa GK e Shaila D. 2007. Estudos fitoquímicos sobre Bauhinia racemosa Lam. Bauhinia purpurea Linn. e Hardwickia binata Roxb. E-Journal of Chemistry 2007; 4(1): 1-31.Anzaldo, F.E., Maranon, J. & Ancheta, S.F. 1958. Screening of Philippine Plants for Steroidal Sapogenins, III. Phil. Jour. Sci. 87(3): 191-195.

Stahl E e Gerard D. 1985. Comportamento de solubilidade e fracionamento de óleos essenciais em dióxido de carbono denso. Perfume Flavor, 10: 29-37.

Scott Kustes. 2013. O tempero da vida, Real Food University http://www.realfooduniversity.com/2014. Acedido em 26 de abril de 2014.

Shah M e Panchal M. 2010. Propriedades etnofarmacológicas de *Cinnamomum tamala*- Uma revisão. Revista Internacional de Ciências Farmacêuticas: Revisão e Investigação 2010, Volume 5, Número 3: 141.

Shahidi F e Ho CT. 2005. Phenolics in food and natural health products: and overview. 2005, em: Phenolic Compounds in Foods and Natural Health Products (eds. F. Shahidi,C.-C. Ho), American Chemical Society, Washington, DC,. 1-8.

Shahidi F. 1992. Antioxidants in food and food antioxidants. Nahrung/Food, 44(3): 158-163.

Shahidi F. 2000. Antioxidant factors in the plant foods and selected oil seed. Biofactores, 13: 179185.

Shastri BN. 1956. The Wealth of India- A dictionary of Indian Raw Materials and Industrial Products. Pp. 101-103, CSIR, Nova Deli, Índia.

Shu Xin, Liu X, Fu C e Liang Q. 2010. Extração, caraterização e efeito antitumoral dos polissacáridos do anis estrelado *(Illicium verum* Hook f.). Journal of Medicinal plants Research. 4(24): 2666-2673.

Shukla J, Tripathi SP e Chaubey MK. 2009. Revista eletrónica de química ambiental, agrícola e alimentar, 8(6): 403-407.

Simic A, Sokovic MD, Ristic M, Vukojevic J e Marin PD. 2004. A composição química de alguns óleos essenciais de Lauraceae e as suas actividades antifúngicas. Phytother Res.18: 713-717.

Singh G, Maurya S, de Lampasona MP e Catalan C. 2006. Constituintes químicos, investigações antimicrobianas e potencial antioxidante do óleo volátil e do extrato de acetona dos frutos de anis estrelado. J. Sci. Food Agr. 86: 111-121.

Singh G, Kapoor IP, Pandey SK, Singh UK e Singh RK. 2002. Studies on essential oils: part 10; antibacterial activity of volatile oils of some spices (Estudos sobre óleos essenciais: parte 10; atividade antibacteriana de óleos voláteis de algumas especiarias). Phytother Res. 16: 680-682.

Sing T, Kasture SB, Mohanty PK, Jaliwala Yusuf e Sing M. 2011. International Journal of Pharmacy and life Sciences *In - vitro* Antioxidaive activity of phenolic and flavonoid compounds extracted from fruit of *Garcinia indica.ISSN:* 0976-7126.

Singleton VL e Rossi JA. 1965. Colorimetria de fenólicos totais com reagentes de ácido fosfomolíbdico-fosfotúngstico. Am. J. Enol. Vitic. 6: 144-158.

Slinkard K e Singleton VL. 1977. Análises de fenóis totais: automatização e comparação com métodos manuais. Am. J. Enol. Viticult. 28: 49-55.

Song WY, Ku KH e Choi JH. 2010. Efeito de extractos de etanol de sementes de pimenta vermelha no sistema de defesa antioxidante e no stress oxidativo em ratos alimentados com uma dieta rica em gordura e colesterol. Nutr res Pract., 4(1): 11-15.

Sood A, Kaur P e Gupta R. 2012. Rastreio fitoquímico e ensaio antimicrobiano de vários extractos de sementes da família Cucurbitaceae. Revista Internacional de Biologia Aplicada e Tecnologia Farmacêutica, 3(3): 401-409.

Spice board India, 2014. Recuperado de http://www.indianspices.com/pdf/spice gallery.pdf.

Surh Y. 2003. Cancer chemoprevention with dietary phytochemicals. Nat. Rev. Cancer, 3:768780.

Sutar RL, Mane SP e Ghosh JS. 2012. Atividade antimicrobiana de extractos de kokum seco *(Garcinia indica* C).

Tahira R, Naeemullah M, Akbar F e Masood MS. 2011. Ácidos fenólicos principais do germoplasma de hortelã local e exótico cultivado em Islamabad. Pak J Bot 43: 151-154.

Tapsell LC, Hemphill I, Cobiac L, Patch CS, Sullivan DR, Fenech M, Roodenrys S, Keogh JB, Clifton PM, Williams PG, Fazio VA e Inge KE. 2006. Health benefits of herbs and spices: the past, the present, the future (Benefícios para a saúde das ervas e especiarias: o passado, o presente, o futuro). The Medical Journal of Austraila. 21: 4-24.

Thakur M e Sayeed R. 2014. Triagem fitoquímica qualitativa, conteúdo fenólico total, atividade antioxidante *in vitro* e atividades antimicrobianas em extratos metanólicos de *Lactarius sanguifluus* (Paulet) Fr. J Pure App Microbiol 8 (6): 4735-4741.

Thakur M, Paul A e Chawla S. 2014. Triagem fitoquímica qualitativa, conteúdo fenólico total e atividade antioxidante em extratos metanólicos de *Myristica fragrans* Houtt. (Mace). Food Sci Res J 5(2): 135-138.

Thakur M e Lakhanpal T N. 2014. Triagem fitoquímica qualitativa, conteúdo fenólico total e atividade antioxidante *in vitro* em extratos metanólicos de *Morchella* esculents Fr. *In*: Anais da 8th Conferência Internacional sobre Biologia de Cogumelos e Produtos de Cogumelos (ICMBMP8); 19- 22Nov 2014. 215 - 220.

Thite SV, Chavan YR, Aparadh VT e Kore BA. 2013. Triagem fotoquímica preliminar de algumas plantas medicinais. Int J Pharma e Ciências Biológicas 3: 87-90.

Treanor JJ, Hayden FG e Vrooman PS. 2002. Eficácia e segurança do inibidor oral da neuraminidase osetamivir no tratamento da gripe aguda. J. Am. Med. Assoc., 283(8): 1016-1024.

Tucker AO e Elizabeth DR. 1989. As espécies, híbridos e cultivares de *Origanum* (Lamiaceae) cultivados nos Estados Unidos. Baileya. 23(1): 14-27.

U.S.D.A. 2013. Departamento de Agricultura dos EUA, Serviço de Investigação Agrícola. 2013. Base de dados nacional de nutrientes do USDA para referência padrão, versão 26. Laboratório de Dados de Nutrientes. Recuperado de: http://www.ars.usda.gov/ba/bhnrc/ndl . Acedido em 21 de abril de 2014.

Valero M e Salmeron MC. 2003. Atividade antibacteriana de 11 óleos essenciais contra Bacillus cereus em caldo de cenoura tipificado. Int J Food Microbiol, 85:73-81.

Varadarajan P, Rathinaswamy G e Asirvatahm D. 2008. Propriedades antimicrobianas e constituintes fitoquímicos de Rheo discolor. Ethnobotanical Leaflet, vol. 12, pp. 841845.

Vardar Unlu G, Candan, Sokmen A, Domez E e Tepe B. 2003. Atividade antimicrobiana do óleo essencial de C. tamala (Lauraceae). J Agric Food Chem. 51(2003): 63-67.

Vasanthi HR e Parameswari RP. 2010. Especiarias indianas para um coração saudável: uma visão geral. Current Cariology Reviews. 6(4): 274 - 279.

Vaya J, Belinky PA e Aviram M. 1997. Constituintes antioxidantes de raízes de alcaçuz: Isolamento, elucidação da estrutura e capacidade antioxidante contra a oxidação do LDL. Free Radical Biol. Med., 23(2): 302-313.

Velioglu YS, Mazza G, Gao L e Oomah BD. 1998. Antioxidant activity and total phenolics in selected fruits, vegetables, and grain products. J. Agric. Food Chem., 46:4113-4117.

Vinson JA, Hao Y, Su X e Zubik L. 1998. J. Agri. Food Chem. 46, 3630-3634.

Viuda MM, Ruiz NY, Fernandez LJ, Perez AJA. 2011. Especiarias como alimentos funcionais. Crit Rev Food Sci Nutr. 51(1):13-28. doi: 10.1080/10408390903044271.

Weiss EA. 1997. Essential oil crops. CAB International. pp 600.

Weiss EA. 2002. Spice crops, em Spice crops.

OMS (Manila), Instituto de Medicina Materna 1990. Medicinal Plants in Vietnam (Plantas medicinais no Vietname). Publicações Regionais da OMS, Série Pacífico Ocidental, Hanói, Manila, 3: 211-212.

Wojdylo A, Oszmianski J e Czemerys R. 2007. Atividade antioxidante e compostos fenólicos em 32 ervas selecionadas. Food Chemistry, 105: 940-949.

Wood e Rebecca. 1988. The Whole Foods Encyclopedia. Nova Iorque, NY: Prentice-Hall Press; 1988. PMID:15220.

Wyen D, Takacsova M, Jakubik T e Dang M. 2000. Antioxidant effects of thyme in rape seed oil (Efeitos antioxidantes do tomilho no óleo de colza). Biologia Bratislava , 55: 277-281.

Yadav AS e Bhatnagar D. 2007. Efeito quimiopreventivo do anis estrelado na hepato-carcinogénese iniciada pela N-nitrosodietilamina e promovida pelo fenobarbital. Chem. Biol. Interact, 169: 207-214.

Yamaguchi F, Ariga T, Yoshimura Y e Nakazawa H. 2000. Atividade antioxidante e anti-glicação do garcinol da casca do fruto de *Garcinia indica*. J Agric Food Chem.2000a, 48(2):180-185.

Yang CH, Chang FR, Chang HW e Wang SM. 2012. Investigação da atividade antioxidante dos extractos de *Illicium verum*. J Med Plant Res 2012; 6(2): 314-316.

Yang JH, Lin HC e Mau JL. 2002. Propriedades antioxidantes de vários cogumelos comerciais. Food Chem, 77:229-235.

Yano Y, Satomi M e Oikawa H. 2006. Efeito antimicrobiano de especiarias e ervas aromáticas em Vibrio parahaemolyticus. Int. J. of Food Microbiol. 111: 6-11.

Yasuma A, Ichikawa T. 1953. Coloração de Ninhydrina-Schiff e Alloxan-Schiff. Um novo método de coloração para proteínas. I. Lab. Clin. Med., Stilous. 41: 296-29.

Yazdani D, Rezazadeh SH, Amin GH, Zainal Abidin, Shahnazi S e Jamalifar H. 2009. Journal of Medicinal Plants, 8(5), 24-29.

Yildirim HT. 2006. Avaliação dos parâmetros de cor e das actividades antioxidantes dos vinhos de fruta. Jornal Internacional de Ciência Alimentar e Nutrição, 57:47-63.

Zaika LL. 1988. Especiarias e ervas aromáticas: A sua atividade antimicrobiana e a sua determinação. J. Food Safety, 9: 97-118.

More Books!

yes

I want morebooks!

Buy your books fast and straightforward online - at one of world's fastest growing online book stores! Environmentally sound due to Print-on-Demand technologies.

Buy your books online at
www.morebooks.shop

Compre os seus livros mais rápido e diretamente na internet, em uma das livrarias on-line com o maior crescimento no mundo! Produção que protege o meio ambiente através das tecnologias de impressão sob demanda.

Compre os seus livros on-line em
www.morebooks.shop

info@omniscriptum.com
www.omniscriptum.com

OMNIScriptum

MIX
Papier aus verantwortungsvollen Quellen
Paper from responsible sources
FSC® C105338

Printed by Books on Demand GmbH, Norderstedt / Germany